北京课工场教育科技有限公司 出品

新技术技能人才培养系列教程

大数据开发实战系列

微服务实战

Dubbox+Spring Boot+Docker

肖睿 吴刚山 黄兴 / 主编
张敏 王伟 / 副主编

人民邮电出版社
北京

图书在版编目（CIP）数据

微服务实战：Dubbox +Spring Boot+Docker / 肖睿，
吴刚山，黄兴主编. -- 北京：人民邮电出版社，2018.8（2023.8 重印）
新技术技能人才培养系列教程
ISBN 978-7-115-48669-1

Ⅰ. ①微… Ⅱ. ①肖… ②吴… ③黄… Ⅲ. ①互联网
络－网络服务器－教材 Ⅳ. ①TP368.5

中国版本图书馆CIP数据核字(2018)第128678号

内 容 提 要

在这个凡事皆互联的时代，越来越多的人和物成为互联网上的节点，不断扩充着互联网这张大网的边界。节点即价值，更多的节点意味着更大的价值。那么如何去承载更多的节点就成为 IT 从业人士首要解决的问题。本书围绕秒杀抢购应用场景，对当下流行的 Dubbox+Spring Boot+Docker 微服务架构解决方案进行讲解。主要内容包括微服务架构介绍、Dubbox 原理及运用、使用 Spring Boot 实现微服务、使用 ActiveMQ+Redis 承载高并发流量、使用 ActiveMQ 实现分布式事务、分布式下的第三方接入等。

本书以项目为驱动，引领读者对相关技术进行实践性学习。同时为了提升读者对相关技术的实际运用能力，本书将实际开发经验注入到整个项目开发周期中，使用目前较为流行的 Dubbox+Spring Boot+Docker 微服务架构实现“双 11”抢购项目。

为保证最优学习效果，本书配以完善的学习资料和支持服务，包括视频教程、案例素材下载、学习交流社区、讨论组等终身学习内容，为开发者带来全方位的学习体验。

◆ 主　　编　肖　睿　吴刚山　黄　兴
　副 主 编　张　敏　王　伟
　责任编辑　祝智敏
　责任印制　马振武

◆ 人民邮电出版社出版发行　　北京市丰台区成寿寺路 11 号
　邮编　100164　　电子邮件　315@ptpress.com.cn
　网址　https://www.ptpress.com.cn
　北京盛通印刷股份有限公司印刷

◆ 开本：787×1092　1/16
　印张：8.5　　　　2018 年 8 月第 1 版
　字数：174 千字　　2023 年 8 月北京第 10 次印刷

定价：29.80 元

读者服务热线：(010) 81055256　印装质量热线：(010) 81055316
反盗版热线：(010) 81055315
广告经营许可证：京东市监广登字 20170147 号

大数据开发实战系列

编　委　会

主　　任：肖　睿

副 主 任：潘贞玉　韩　露

委　　员：李　娜　孙　苹　张惠军　相洪波

杨　欢　庞国广　王丙晨　刘晶晶

曹紫涵

课 工 场：尚泽中　杜静华　董　海　孙正哲

周　嵘　刘　洋　刘　尧　崔建瑞

饶毅斌　马志成　张增斌　冯娜娜

卢　珊　王嘉桐　吉志星

序 言

丛书设计

准备好了吗？进入大数据时代！大数据已经并将继续影响人类生产生活的方方面面。2015 年 8 月 31 日，国务院正式下发《关于印发促进大数据发展行动纲要的通知》。企业资本则以 BAT 互联网公司为首，不断进行大数据创新，实现大数据的商业价值。本丛书根据企业人才的实际需求，参考以往学习难度曲线，选取“Java+大数据”技术集作为学习路径，首先从 Java 语言入手，深入学习理解面向对象的编程思想、Java 高级特性以及数据库技术，并熟练掌握企业级应用框架——SSM、SSH，熟悉大型 Web 应用的开发，积累企业实战经验，通过实战项目对大型分布式应用有所了解和认知，为“大数据核心技术系列”的学习打下坚实基础。本丛书旨在为读者提供一站式实战型大数据应用开发学习指导，帮助读者踏上由开发入门到大数据实战的“互联网+大数据”开发之旅！

丛书特点

1．以企业需求为设计导向

满足企业对人才的技能需求是本丛书的核心设计原则，为此课工场大数据开发教研团队，通过对数百位 BAT 一线技术专家进行访谈、上千家企业人力资源情况进行调研、上万个企业招聘岗位进行需求分析，从而实现对技术的准确定位，达到课程与企业需求的强契合度。

2．以任务驱动为讲解方式

丛书中的技能点和知识点都由任务驱动，读者在学习知识时不仅可以知其然，而且可以知其所以然，帮助读者融会贯通、举一反三。

3．以实战项目来提升技术

每本书均增设项目实战环节，以综合运用每本书的知识点，帮助读者提升项目开发能力。每个实战项目都有相应的项目思路指导、重难点讲解、实现步骤总结和知识点梳理。

4．以“互联网+”实现终身学习

本丛书可配合使用课工场 APP 进行二维码扫描，观看配套视频的理论讲解和案例操作。同时课工场开辟教材配套版块，提供案例代码及作业素材下载。此外，课工场也为读者提供了体系化的学习路径、丰富的在线学习资源以及活跃的学习社区，欢迎广大读者进入学习。

读者对象

1．大中专院校学生
2．编程爱好者
3．初中级程序开发人员
4．相关培训机构的老师和学员

致谢

本丛书由课工场大数据开发教研团队编写。课工场是北京大学旗下专注于互联网人才培养的高端教育品牌。作为国内互联网人才教育生态系统的构建者，课工场依托北京大学优质的教育资源，重构职业教育生态体系，以学员为本，以企业为基，构建“教学大咖、技术大咖、行业大咖”三咖一体的教学矩阵，为学员提供高端、实用的学习内容！

读者服务

读者在学习过程中如遇疑难问题，可以访问课工场官方网站，也可以发送邮件到ke@kgc.cn，我们的客服专员将竭诚为您服务。

感谢您阅读本丛书，希望本丛书能成为您踏上大数据开发之旅的好伙伴！

“大数据开发实战系列”丛书编委会

前　言

欢迎进入 Dubbox 微服务世界，本书重点介绍基于 Dubbox 的分布式应用开发。全书以秒杀抢购实际应用场景为例，通过解决方案形式的讲授，用业务来驱动技术学习。各章主要内容如下。

第 1 章：架构设计。本章详细讲解了秒杀抢购的应用场景并对该应用场景进行深度剖析。通过业务分析，提出相应的业务级解决方案及系统级解决方案，并规划出技术栈的实现重点和难点。最后基于秒杀抢购的实际业务规划出“双 11”抢购项目的业务架构、应用架构、技术架构及部署架构。

第 2 章：微服务架构。本章从行业发展讲起，通过罗列行业发展中常见的软件架构模式引出互联网企业应用中目前最流行的微服务架构。针对微服务架构做深入探讨，并基于微服务架构对“双 11”抢购项目进行应用拆分。

第 3 章：Docker 环境搭建。本章从 Docker 的实际操作讲起，在操作中讲解 Docker 的运行原理，包括对 Docker 镜像、容器及可视化工具的讲解。最后以“双 11”抢购项目为例，快速搭建该项目开发所需的 Docker 环境。

第 4 章：Spring Boot 初体验。本章首先介绍 Spring Boot 的定义和作用，接下来通过对 Spring Boot 框架的搭建和使用来讲解 Spring Boot 的原理和实践细节。

第 5 章：使用 Dubbox+Spring Boot 搭建微服务架构。本章首先介绍 Dubbox 的相关概念，搭建 Dubbox 的运行环境，并基于 Dubbox+Spring Boot 实现提供者—消费者的微服务架构简单示例。最后基于 Dubbox+Spring Boot 实现“双 11”抢购项目微服务架构的搭建。

第 6 章：基于 Redis+ActiveMQ 实现高并发访问。本章包含三部分内容：分布式锁、消息队列应用及分布式事务。首先以“双 11”抢购项目的实际开发问题为驱动，引出分布式锁的概念，并基于系统性能优化提出消息队列的概念，最后结合消息队列及分布式锁实现高并发环境下的抢购业务和分布式事务。

第 7 章：分布式下的第三方接入。本章包含微信登录、微信支付、支付宝支付三部分内容。均采用实操性的讲解方式，加深读者对原理的学习理解。

第 8 章：高并发测试。本章首先介绍高并发的相关概念和常见的高并发测试软件。重点讲解 JMeter 的安装、配置、运行及生成报告四部分内容，通过并发测试报告，验证并有效地保证了该项目在抢购并发操作下的关键业务实现。

本书由课工场大数据开发教研团队组织编写，参与编写的还有吴刚山、黄兴、张敏、王伟等院校老师。尽管编者在写作过程中力求准确、完善，但书中不妥或错误之处仍在所难免，殷切希望广大读者批评指正！

目　录

第 1 章

架构设计

技能目标

- ❖ 了解“双 11”抢购项目需求
- ❖ 掌握“双 11”抢购项目业务架构设计
- ❖ 掌握“双 11”抢购项目应用架构设计
- ❖ 掌握“双 11”抢购项目技术架构设计
- ❖ 掌握“双 11”抢购项目部署架构设计

本章任务

学习本章内容，需要完成以下两个工作任务。记录学习过程中遇到的问题，可以通过自己的努力或访问 kgc.cn 解决。

任务 1：了解秒杀抢购业务场景

任务 2：架构设计

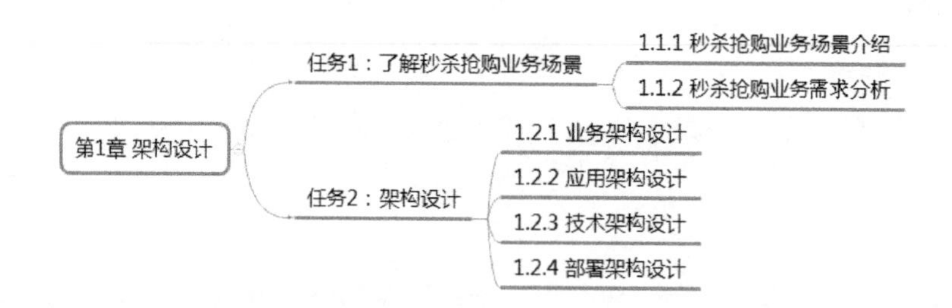

任务1 了解秒杀抢购业务场景

1.1.1 秒杀抢购业务场景介绍

近年来，互联网市场风起云涌。为了抢到更多的用户，各大商家各式各样的营销手段层出不穷。如小米的饥饿营销，淘宝的“双 11”抢购，京东的 618 店庆等。贯穿本书的“双 11”抢购项目就是基于真实抢购需求，提供的一整套关于抢购业务的解决方案。顾名思义，抢购就是用户可以在平台上与其他互联网用户一起进行某一类商品的竞争性购买的操作。图 1.1 所示为“双 11”抢购项目的用户操作流程。

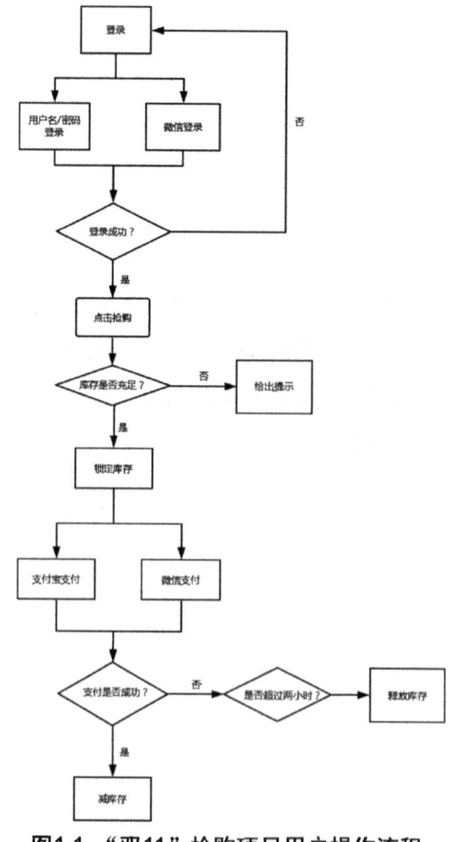

图1.1 “双11”抢购项目用户操作流程

核心步骤如下：

（1）用户登录“双 11”抢购项目首页。

（2）用户点击抢购商品。

（3）若库存不充足，抢购失败则直接给出提示；若库存充足，抢购成功则生成订单并锁定库存。

（4）用户在规定时间内成功支付订单则扣减商品，进行后续处理；用户在规定时间内未成功支付订单则释放库存，让其他用户可以抢购该商品。

1.1.2 秒杀抢购业务需求分析

我们仔细分析以上的抢购业务，发现其存在以下三个问题。

➢ 高并发

由于抢购需求大多为用户多、产品少，如小米手机的抢购，某一时刻可能有超过十万个用户同时在线抢购，因此在某一时刻的用户访问量十分庞大。

➢ 单用户多次操作

用户执行抢购操作时，害怕一次点击无法成功抢购到商品，经常性地连续多次点击抢购按钮，以增加自己抢到商品的概率。因此，系统在接收到用户请求后需要判断用户是否已抢购到商品。

➢ 需要保证抢购的顺序

既然是抢购，必须按照用户点击操作的顺序保证抢购用户的先来后到，即先到先得。

基于以上问题，我们需要提供针对每一个业务问题的解决方案。

任务 2 架构设计

1.2.1 业务架构设计

“双 11”抢购项目的业务比较简单，主业务即大量用户抢购少量商品。项目的业务架构图如图 1.2 所示。

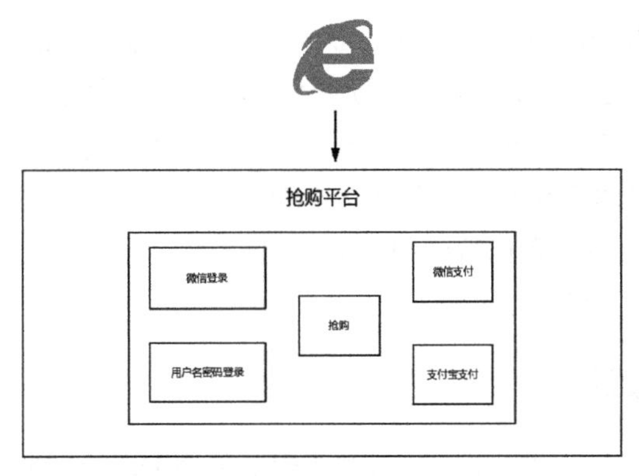

图1.2 “双11”抢购项目业务架构图

1.2.2 应用架构设计

根据以上对“双 11”抢购项目的需求分析，我们可以将“双 11”抢购项目的业务划分为如图 1.3 所示的四个子业务模块。

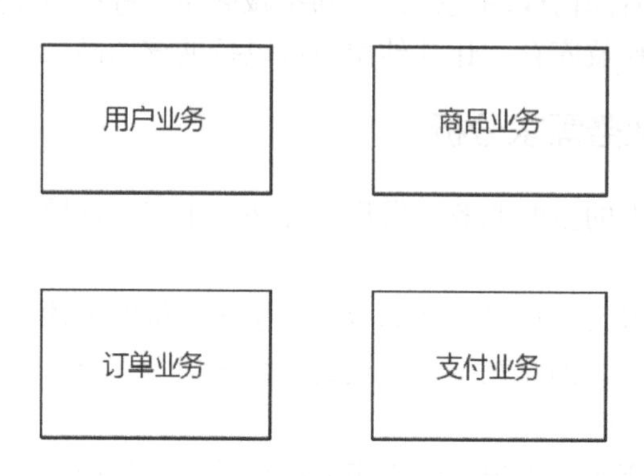

图1.3 “双11”抢购项目应用架构设计

四个子业务模块包含的具体业务功能如下所示。

- 用户业务：用户登录、用户注销、用户权限验证、用户密码修改等。
- 商品业务：商品查询、商品库存判断、商品抢购等。
- 订单业务：生成订单、查询订单、取消订单、支付订单等。
- 支付业务：支付宝支付、微信支付、支付成功/失败处理等。

1.2.3 技术架构设计

针对“双 11”抢购项目存在的三个主要问题，提供如下解决方案。

- 高并发解决方案：为了解决“双 11”抢购项目的高并发问题，满足高并发需求，我们采用消息队列来缓存消息，以降低服务器请求压力。
- 消息的幂等性解决方案：所谓消息的幂等性就是**“必须保证一个用户的多次重复操作只被成功执行一次”**。为了解决“双 11”抢购项目用户多次操作的问题，我们采用 Redis 分布式锁及 Redis 保存机制来记录用户的操作状态。
- 抢购顺序解决方案：为了保证用户抢购操作的先后顺序，我们采用消息队列的消息排队机制来完成抢购消息的自动排队，以保证抢购的公平性。

“双 11”抢购项目的系统架构图如图 1.4 所示。

在以上的解决方案中，我们看到很多新的名词。接下来的内容我们将根据不同的解决方案，有针对性地进行介绍。

1.2.4 部署架构设计

考虑到系统高并发的需求特性，在部署架构上使用 Docker 技术实现分布式集群对项目进行部署。关于 Docker 的相关内容，我们会在后续章节中进行讲解。图 1.5 为“双 11”抢购项目的部署架构图。

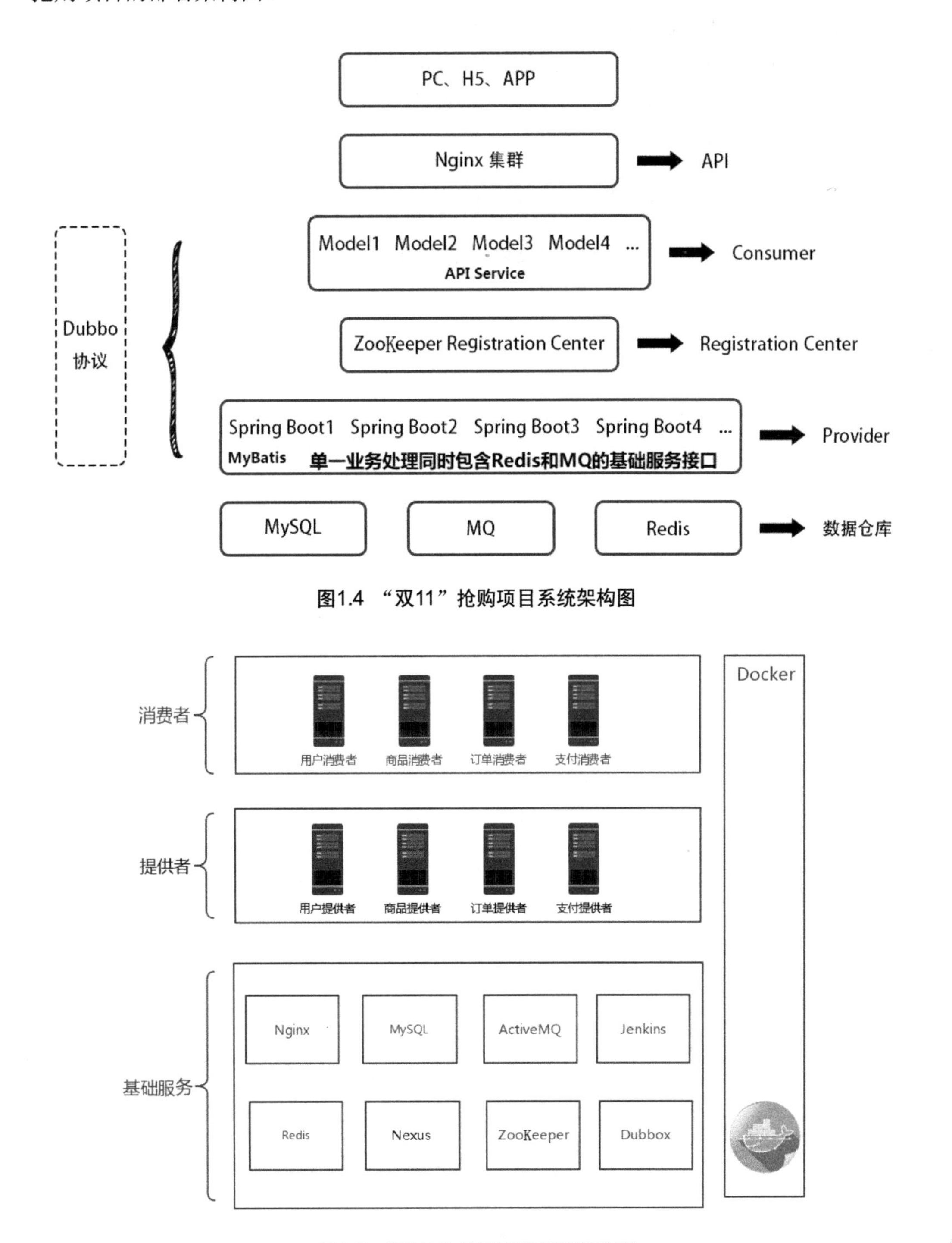

图1.4 “双11”抢购项目系统架构图

图1.5 “双11”抢购项目部署架构图

本章总结

本章介绍了以下知识点：

- “双 11”抢购项目具体实现的功能和解决的问题。
- 实现“双 11”抢购项目的四种架构设计。

本章练习

简述“双 11”抢购项目的架构设计包含的内容。

第 2 章

微服务架构

技能目标

- ❖ 了解软件行业分类
- ❖ 掌握软件架构分类
- ❖ 掌握微服务架构的相关概念
- ❖ 了解常见微服务架构
- ❖ 掌握微服务架构设计原则
- ❖ 了解微服务架构解决方案

本章任务

学习本章内容，需要完成以下三个工作任务。记录学习过程中遇到的问题，可以通过自己的努力或访问 kgc.cn 解决。

任务 1：了解软件行业分类并掌握软件架构分类

任务 2：掌握微服务架构的相关概念

任务 3：熟悉常见微服务架构并掌握微服务架构设计原则

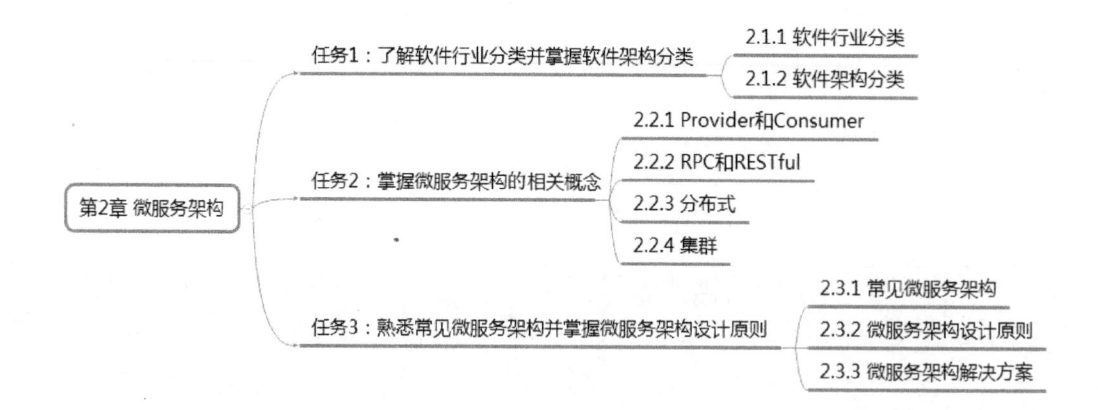

任务 1 了解软件行业分类并掌握软件架构分类

2.1.1 软件行业分类

在如今的软件市场中，基于用户群体的不同，一般将软件行业分为两类，即传统软件行业和互联网软件行业。

- 传统软件行业：面向企业开发应用软件，软件的最终使用者为企业内部员工。
- 互联网软件行业：面向广大互联网市场开发软件，软件的最终使用者为互联网的所有用户。

基于面向的用户群体的不同，两类软件行业在实际的开发、部署、运维等过程中也存在着很大的区别，具体如表 2-1 所示。

表 2-1 传统软件行业 VS 互联网软件行业

比较项	传统软件行业	互联网软件行业
面向用户	企业内部用户	互联网线上用户
用户量	小	庞大
并发考虑	少/几乎不用考虑	必须考虑
项目代码量	少	多
数据量	小	海量数据
架构方式	单体式架构	分布式微服务架构
开发团队	单个团队	多个团队
部署	单个服务器	集群服务器
运维复杂度	低	高

2.1.2 软件架构分类

1. 单体式架构

传统的企业级内部应用系统开发中，一般采用的多为单体式架构。所谓单体式架构，即将项目中的所有源码都放置于一个总项目中进行开发、部署和管理。项目可以分为多个模块，但多个模块的源码均属于一个项目，不同模块的开发者共同维护一份项目源码。单体式架构项目的源码结构如图 2.1 所示。

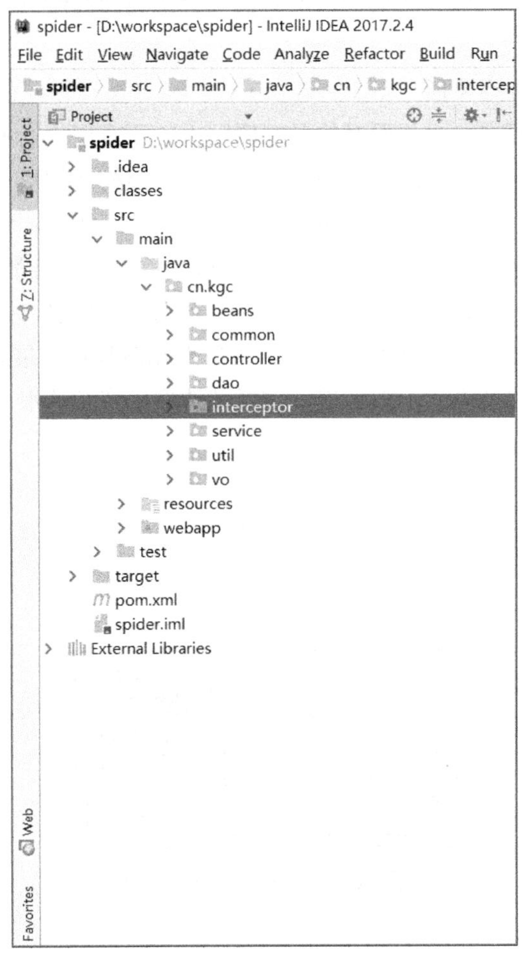

图2.1　单体式架构项目的源码结构图

随着信息技术的迅猛发展，互联网用户已成为软件市场中的最大客户。互联网用户不同于企业用户，因为互联网用户有更多的选择空间，所以较企业用户而言互联网用户更加关注于软件自身的用户体验度。对于软件提供商而言，一方面要保证软件响应的灵敏度，另一方面又必须保证软件功能的多样化、定制化。传统的单体式架构已不能满足互联网用户的复杂需求。主要原因如下：

（1）项目迭代不灵活

对于互联网项目而言，互联网软件提供商经常性地需要根据用户的不同体验需求，调整或增加项目功能，即更新迭代软件版本。对于单体式架构而言，由于项目代码合于一处，迭代的版本越多，项目代码就越多、越乱。在一个庞然大物中去寻找和修改指定模块的代码变得非常困难，而且容易引发未知风险（如影响原先已上线功能）。

（2）项目组职责、权限不清

对于互联网项目而言，由于项目比较庞大，大多需要分不同的项目组进行分别开发。不同项目组之间需要进行严格的代码保密和权限划分，以免核心代码泄露或错误修改其他项目组代码。而传统的单体式架构将所有的项目源码暴露给开发项目的所有成员，更容易引发风险。

（3）项目并发配置不灵活

对于互联网项目而言，由于面对的是互联网上的所有用户，所以在项目开发中，需要考虑项目在高并发下的处理能力。而传统的单体式架构在解决高并发问题时，多采用集群方式横向扩展，即增加机器实现负载均衡。如图 2.2 所示，每一个立方体都代表一个项目的发布包（如 war 包），立方体中每个带有颜色的小方格都代表项目的一个模块。由于不同模块流量不一（如一次登录但可以多次查询商品信息，因此用户模块的流量一般会低于商品模块的流量），而单体式架构无法针对相应模块扩展，使一些流量低的模块也不得不随着流量高的模块一起被扩展，这样就造成了资源的浪费。

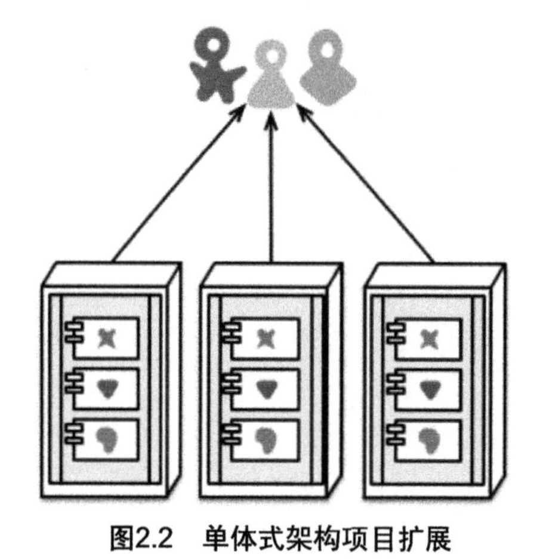

图2.2　单体式架构项目扩展

2. *微服务架构*

微服务架构即对原来庞大的项目进行切分，每一个切分后的模块独立形成一个新的项目（后称服务），拆分后的服务和服务之间可按照一定方式（分布式）进行通信的架构，如图 2.3 所示。

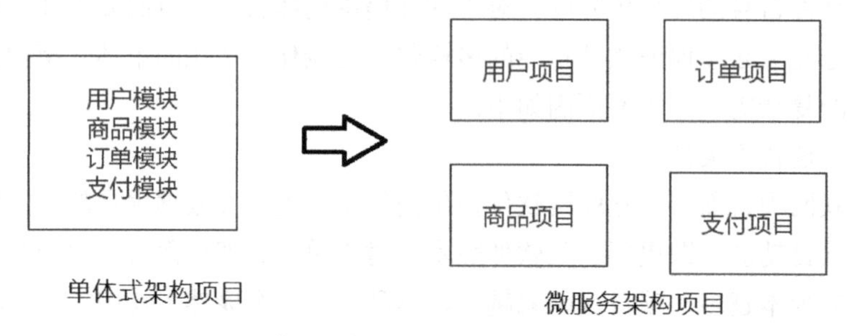

图2.3　单体式架构项目VS微服务架构项目

互联网公司采用分布式微服务架构开发项目，主要是由于微服务架构可以解决单体式架构存在的上述短板。微服务架构的具体优势如下：

（1）项目复杂度降低

微服务通过分解巨大单体式应用为多个服务的方法解决了复杂性问题。在功能不变的情况下，应用被分解为多个可管理的分支或服务。每个服务都有一个用 RPC 或者消息驱动 API 定义清楚的边界。微服务架构模式的出现为采用单体式架构很难实现的功能提供了模块化的解决方案，因为单个服务很容易开发、理解和维护。

（2）团队界限明确

微服务架构模式使得每个服务都可以由专门的开发团队来完成。开发者可以自由选择开发技术，提供 API 服务。当然，也有许多公司为了避免混乱，只提供某些技术备选。这种自由意味着开发者不需要被迫使用某些长线项目启动时采用的过时技术，而是可以选择现在最适合的技术。甚至因为服务相对简单，即使用现在的技术重写以前的代码也不是一件很困难的事情。

（3）扩展灵活

微服务架构模式使得每个服务可以独立扩展。你可以根据每个服务的特点来部署满足需求的规模，也可以使用更适合于服务需求的硬件资源，如图 2.4 所示。

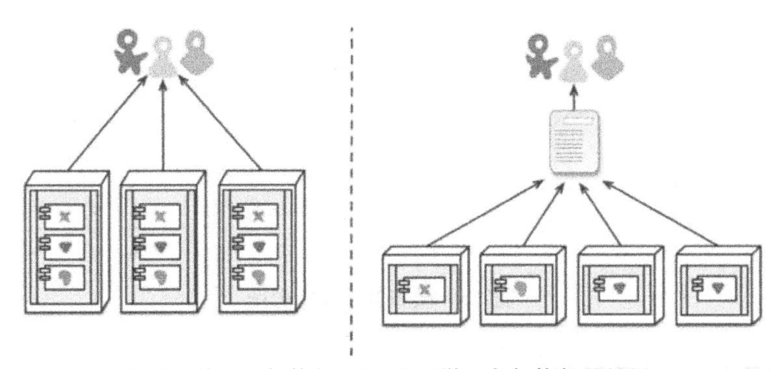

图2.4 单体式架构部署扩展VS微服务架构部署扩展

任务 2 掌握微服务架构的相关概念

采用微服务架构将整个项目拆分后，项目与项目之间面临着关联问题。如当用户请求用户项目执行了登录操作后，系统需要更新积分项目中保存的用户积分信息。由于积分项目和用户项目的代码隔离，属于完全不同的两个项目，因此微服务架构中必须有相应的机制来保证两个项目可以进行安全可靠的通信。在微服务架构中，项目通信的方式一般有两种：一种是基于 HTTP 的 RESTful 风格的远程服务通信，另一种是基于 RPC 的远程服务通信。我们把微服务架构中调用服务的一方称为 Consumer（消费者），被调用的一方称为 Provider（提供者）。另外在微服务架构中，分布式和集群也是常见的架构部署方式。

2.2.1 Provider 和 Consumer

Provider 即提供服务的一方，Consumer 即调用服务的一方。在项目开发中，由于同一个项目既有可能是提供者也有可能是消费者，因此在项目拆分的过程中，为了防止项目的互相依赖（如用户模块需要调用商品模块的服务，商品模块也需要调用用户模块的服务），一般会将提供者和消费者单独拆分成独立的项目。如图 2.5 所示的“双 11”抢购项目的微服务拆分架构图。

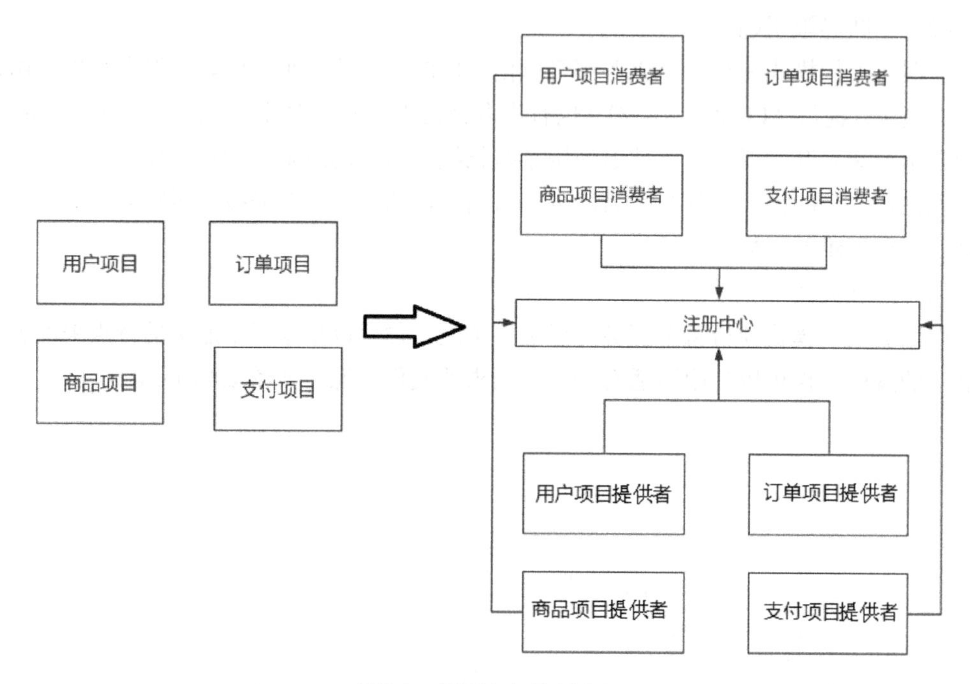

图2.5 微服务架构拆分图

2.2.2 RPC 和 RESTful

前面我们已经提到，微服务架构项目之间的通信方式包括两种，即 RPC 和 RESTful，下面分别介绍。

1. RPC 服务调用方式

RPC 即 Remote Procedure Call（远程过程调用），通俗地讲，就是可以在一个项目中像调用本地服务一样去调用其他项目的服务。调用方式如下面的示例 1 代码所示，其中使用@DubboConsumer 注解注入的 Service 即为其他项目中的服务。常见的微服务框架 Dubbo 及其升级版 Dubbox 均支持 RPC 的调用方式。

示例

```
@Service
public class QgLoginServiceImpl implements QgLoginService {
```

```
    @DubboConsumer
    private RpcQgUserService rpcQgUserService;
    @DubboConsumer
    private RpcQgTokenService rpcQgTokenService;

    @Override
    public QgUser login(String phone, String password) throws Exception {
        return rpcQgUserService.login(phone,password);
    }
}
```

2. RESTful 服务调用方式

REST 全称是 Representational State Transfer（表述性状态传递），是一组架构约束条件和原则。狭义上可理解为在 Web 请求中，将参数封装于 URL 内部（如使用 URL:www.qg.com/getUserInfo/12，可获取用户 ID 为 12 的用户详细信息）。在微服务中，项目之间可以采用 RESTful 风格的 HTTP 方式互相调用。常见的微服务框架 Spring Cloud 及 Dubbox 均支持 RESTful 的调用方式。

2.2.3 分布式

分布式架构就是按照业务功能，将一个完整的系统拆分成一个个独立的子系统。在分布式架构中，每个子系统被称为“服务”。这些服务可以部署在不同的机器上，互相通过 RPC 或 RESTful 来进行通信。

2.2.4 集群

集群是一组相互独立的、通过高速网络互联的计算机，它们构成了一个组，并以单一系统的模式加以管理。通俗地讲，就是由多个服务/机器一起做相同的事情，提供相同的服务，以此来提高系统的性能和扩展性。

任务 3 熟悉常见微服务架构并掌握微服务架构设计原则

2.3.1 常见微服务架构

1. Dubbo/Dubbox

Dubbo 是阿里巴巴公司开发的一个优秀的高性能开源服务框架，使得应用可通过高性能的 RPC 实现服务的输出和输入功能，可以和 Spring 框架无缝集成。Dubbox 为其升级版，由当当网进行改良。

关于 Dubbo/Dubbox 框架更详细的内容，请查阅 Dubbox 文档。

2. Spring Cloud

Spring Cloud 是基于 Spring Boot 的一整套实现微服务的框架，它提供了微服务开发所需的配置管理、服务发现、断路器、智能路由、微代理、控制总线、全局锁、决策竞选、分布式会话和集群状态管理等组件。

2.3.2 微服务架构设计原则

1. 围绕业务切分

即在决定将该项目分成多少个子项目时，需要按照对应业务进行拆分，避免业务过多交叉，接口实现复杂。比如，打车应用可以拆成三个子项目：乘客服务、车主服务、支付服务。三个服务的业务特点各不相同，可以独立维护，也可以再次按需扩展。

2. 单一职责

在服务设计上，每一个服务职责尽可能单一。这样可以保证服务的模块化协作，即多个服务可以互相搭配完成一个整体功能。

3. 谁创建，谁负责

由对应项目组负责对应项目的创建及维护。在采用微服务架构对项目拆分后，出现了很多小的项目，而这些项目需要单独部署。为了减少沟通成本，采用微服务架构的项目一般由其开发团队，直接对项目的开发、维护、部署进行负责。

2.3.3 微服务架构解决方案

在日常搭建微服务架构的过程中，我们可以根据以下步骤来做相应处理。

（1）选择微服务框架（Dubbo 系列/Spring Cloud 系列）。

（2）根据业务拆分项目。

（3）选择部署策略（如 Docker 虚拟化部署）。

本章总结

本章学习了以下知识点：

- 单体式架构的定义和优缺点。
- 微服务架构的定义，微服务架构的拆分原则。
- RPC 服务调用的定义。
- 分布式和集群的定义和区别。

本章练习

1. 简述什么是微服务架构，微服务架构中的集群和分布式的区别是什么。

2. 根据对微服务架构相关概念的理解，尝试对“双 11”抢购项目进行应用架构拆分设计。

第 3 章

Docker 环境搭建

技能目标

- ❖ 了解 Docker 相关概念
- ❖ 掌握 Docker 运行原理
- ❖ 掌握 Docker 安装步骤
- ❖ 掌握 Docker 镜像和容器操作命令
- ❖ 了解常见 Docker 可视化工具
- ❖ 掌握使用 Docker 搭建项目环境的步骤

本章任务

学习本章内容，需要完成以下五个工作任务。记录学习过程中遇到的问题，可以通过自己的努力或访问 kgc.cn 解决。

任务 1：了解 Docker 相关概念

任务 2：掌握 Docker 安装步骤

任务 3：掌握 Docker 常用命令

任务 4：了解 Docker 可视化

任务 5：使用 Docker 搭建项目环境

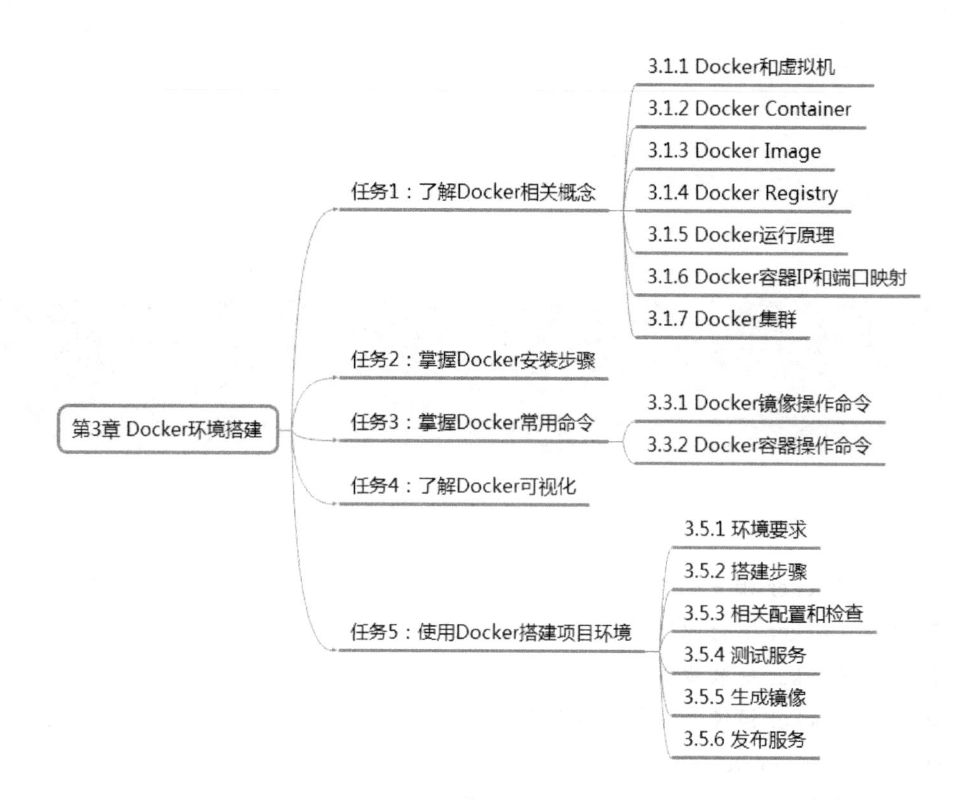

任务 1 了解 Docker 相关概念

Docker 是一个开源容器引擎，基于 Go 语言开发，遵循 Apache 2.0 协议开源。简单地讲，Docker 是把一台服务器隔离成一个个的容器，我们可以将容器理解为一种沙箱。每个容器内运行一个应用，不同的容器相互隔离。容器的创建和停止都十分快速（秒级），容器自身对资源的需求十分有限，远比虚拟机本身占用的资源少。Docker 的 LOGO 如图 3.1 所示。

图3.1 Docker的LOGO

3.1.1 Docker 和虚拟机

虽然 Docker 和虚拟机有很多相似之处，但是 Docker 和虚拟机之间有着本质的区别。图 3.2 所示为虚拟机实际运行的架构图。从图中可以看出，虚拟机运行基于六层结构。

六层结构包括**硬件层、宿主机操作系统层、虚拟机系统层（如 VMware）、虚拟机操作系统层、应用程序依赖层、应用程序层**。而 Docker 实际运行的架构图如图 3.3 所示，共五层，分别为**硬件层、宿主机操作系统层、Daemon 层、应用程序依赖层、应用程序层。**从图中可以看出，Docker 运行机制中使用 Daemon 完成了对虚拟机结构中虚拟机系统层+虚拟机操作系统层的简化。

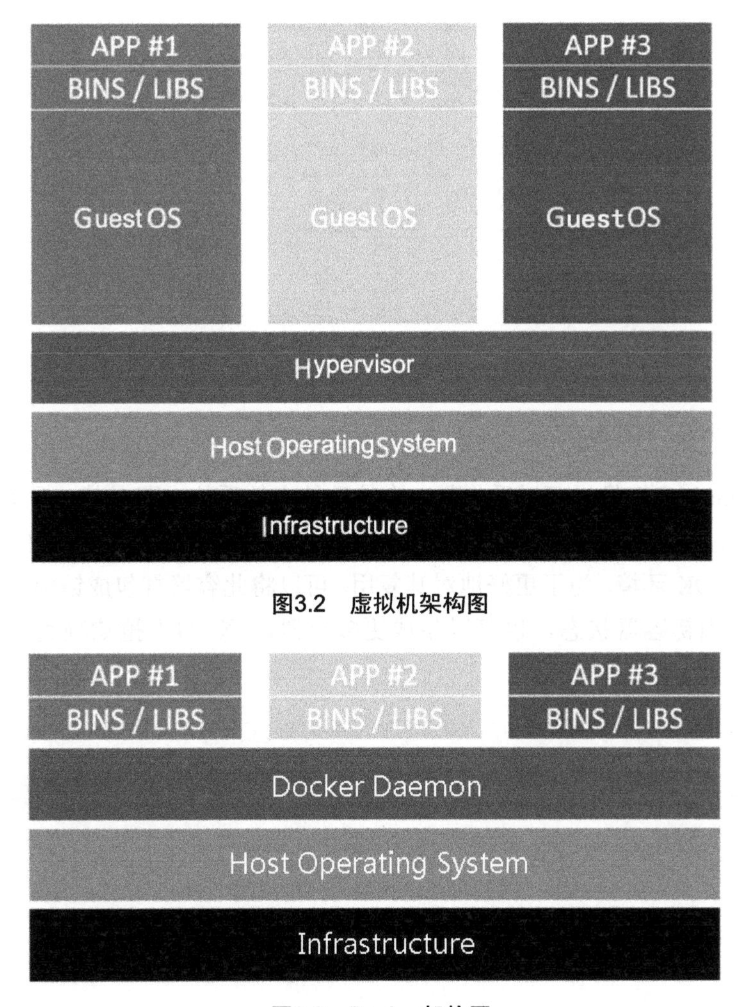

图3.2　虚拟机架构图

图3.3　Docker架构图

Docker Daemon 是 Docker 运行的核心。Daemon 可以共享宿主机操作系统内核，并将宿主机空间进行隔离，形成一个个独立的容器。使每个容器看起来像是一个独立的服务器，可以有自己独立的应用程序、进程、空间等，却不需要在其内部安装操作系统。

3.1.2 Docker Container

Docker Container（容器）即 Docker 将宿主机隔开形成的一个个独立空间。在容器内部我们可以像操作普通系统一样操作容器。容器完全使用沙箱机制，相互之间不会有任何接口，几乎没有性能开销,可以很容易地在机器和数据中心中运行。最重要的是,容器不依赖于任何语言、框架（包括系统）。在日常应用中，我们通常会利用 Docker 将一个服务器创建为一系列容器，使得整个服务器像集群一样运行。图 3.4 所示为“双 11”抢购项目正在运行的部分 Docker 容器。

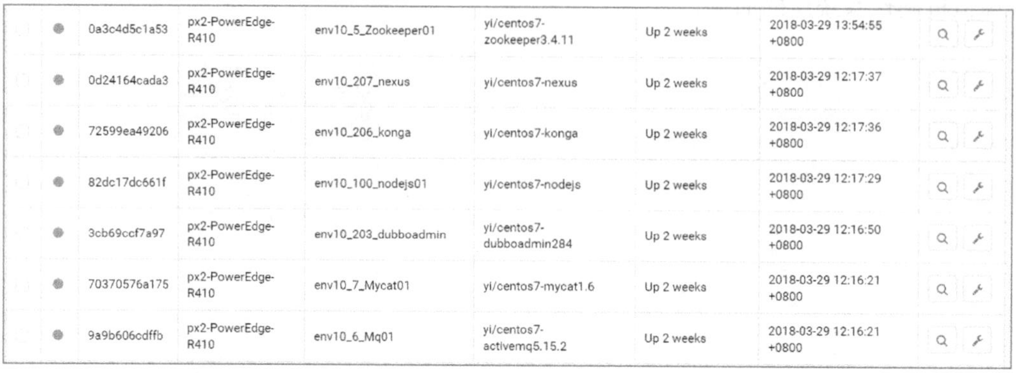

0a3c4d5c1a53	px2-PowerEdge-R410	env10_5_Zookeeper01	yi/centos7-zookeeper3.4.11	Up 2 weeks	2018-03-29 13:54:55 +0800
0d24164cada3	px2-PowerEdge-R410	env10_207_nexus	yi/centos7-nexus	Up 2 weeks	2018-03-29 12:17:37 +0800
72599ea49206	px2-PowerEdge-R410	env10_206_konga	yi/centos7-konga	Up 2 weeks	2018-03-29 12:17:36 +0800
82dc17dc661f	px2-PowerEdge-R410	env10_100_nodejs01	yi/centos7-nodejs	Up 2 weeks	2018-03-29 12:17:29 +0800
3cb69ccf7a97	px2-PowerEdge-R410	env10_203_dubboadmin	yi/centos7-dubboadmin284	Up 2 weeks	2018-03-29 12:16:50 +0800
70370576a175	px2-PowerEdge-R410	env10_7_Mycat01	yi/centos7-mycat1.6	Up 2 weeks	2018-03-29 12:16:21 +0800
9a9b606cdffb	px2-PowerEdge-R410	env10_6_Mq01	yi/centos7-activemq5.15.2	Up 2 weeks	2018-03-29 12:16:21 +0800

图3.4　Docker容器

3.1.3 Docker Image

Docker Image（镜像）可以看作是一个特殊的文件系统，即对某一时刻容器状态的备份。镜像不包含任何动态数据，其内容在构建之后也不会被改变。比如，我们在一个容器内安装了 JDK 环境，为了更好地对其复用，可以将此容器打包成镜像。利用该镜像，我们可以还原当初容器状态，也可以生成更多容器。“双 11”抢购项目的镜像列表如图 3.5 所示。

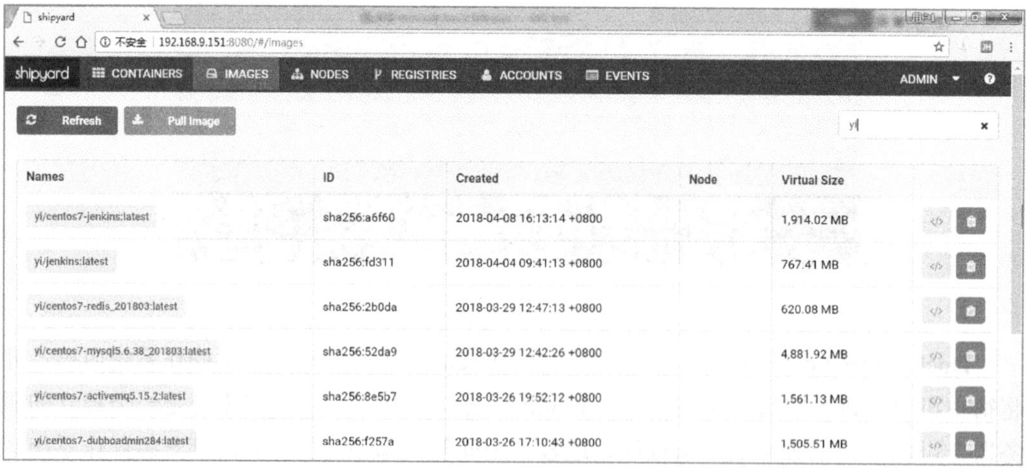

Names	ID	Created	Node	Virtual Size
yi/centos7-jenkins:latest	sha256:a6f60	2018-04-08 16:13:14 +0800		1,914.02 MB
yi/jenkins:latest	sha256:fd311	2018-04-04 09:41:13 +0800		767.41 MB
yi/centos7-redis_201803:latest	sha256:2b0da	2018-03-29 12:47:13 +0800		620.08 MB
yi/centos7-mysql5.6.38_201803:latest	sha256:52da9	2018-03-29 12:42:26 +0800		4,881.92 MB
yi/centos7-activemq5.15.2:latest	sha256:8e5b7	2018-03-26 19:52:12 +0800		1,561.13 MB
yi/centos7-dubboadmin284:latest	sha256:f257a	2018-03-26 17:10:43 +0800		1,505.51 MB

图3.5　Docker镜像

3.1.4 Docker Registry

Docker Registry（记录中心）是 Docker 官方及一些第三方机构（如阿里、腾讯都提供有 Docker 的记录中心）为了方便用户更轻松地开发 Docker 环境，将一些常用的容器打包成的镜像（如 JDK 镜像、Tomcat 镜像、Nginx 镜像等）。开发者可以直接从 Registry 上下载这些镜像，镜像启动之后便可以成为本地容器。

3.1.5　Docker 运行原理

Docker 在实际运行过程中的原理如图 3.6 所示。Client 代表操作用户，Docker_Host 代表安装有 Docker 的宿主机，Registry 代表 Docker 官方或第三方记录中心。操作用户可以利用 Docker 客户端完成以下操作。

- 用户可以通过客户端从 Registry 下载镜像。（pull）
- 用户可以运行本地镜像，成为容器。（run）
- 用户可以通过 Dockerfile 文件构建新的镜像。（build）

以上所有的操作都是通过 Docker Daemon 完成的。Docker Daemon 为 Docker 应用的核心。

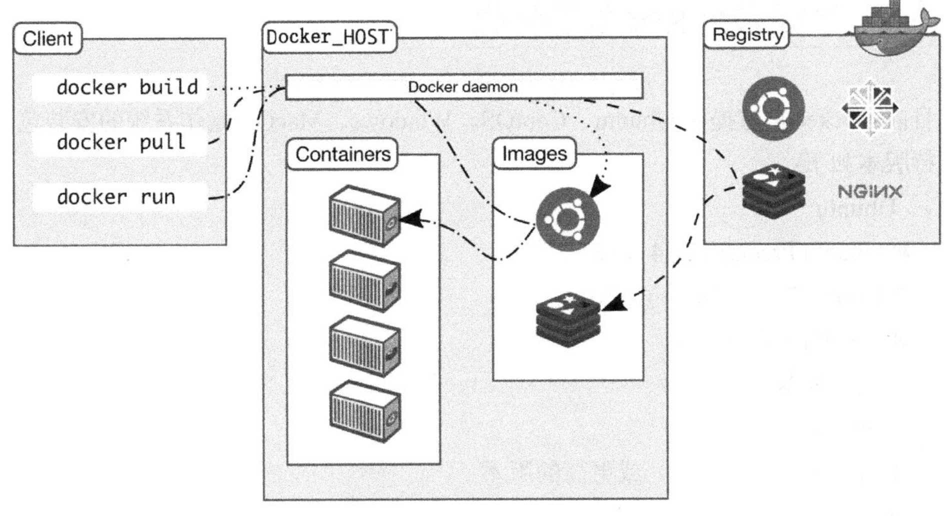

图3.6　Docker运行原理图

3.1.6　Docker 容器 IP 和端口映射

在 Docker 中，共有四种网络模式：

- host 模式，使用 --net=host 指定。
- container 模式，使用 --net=container:NAME or ID 指定。
- none 模式，使用 --net=none 指定。
- bridge 模式，使用 --net=bridge 指定，默认设置。

bridge 模式是 Docker 默认的网络设置，此模式会为每一个容器分配一个未占用的 IP 使用。但在此模式下，如果容器停止，重新启动时 IP 会重新分配，这样新的 IP 很可能会与之前的 IP 不同。在实际工作中，服务一般需要固定的 IP，所以在使用 Docker 的时候通常会为每个容器设置固定的 IP。如果需要启动的 Docker 容器比较多，则需要提前规划好 IP 设置，以确保需要通信的 Docker 容器在相同的网段，并且考虑到扩展性，一般会预留一些 IP 以供未来扩充使用。

端口映射是 Docker 容器中特别重要的一个概念。容器由于自身的隔离性，使得外界没有办法访问容器内部的服务（如在容器中启动 Tomcat，外界是无法直接访问到该 Tomcat 的）。Docker 的端口映射机制，可以将容器内部端口映射到宿主机。用户通过访问宿主机端口即可实现对容器的访问。下文中的 docker run 命令中的-p 参数就是用来指定容器对宿主机的端口映射。

3.1.7 Docker 集群

Docker 集群就是使用多个 Docker 运行相同的程序，提供相同的服务，从而提高该模块的负载能力。

任务 2 掌握 Docker 安装步骤

目前 Docker 官方提供 Ubuntu、CentOS、Windows、MacOS 操作系统的安装包。具体支持版本如下：

- Ubuntu
  - Ubuntu Precise 12.04 (LTS)
  - Ubuntu Trusty 14.04 (LTS)
  - Ubuntu Wily 15.10
  - 更高版本
- CentOS
  - CentOS 6.5（64 位）或更高的版本
- Windows
  - Windows 7
  - Windows 8
  - Windows 10 Professional 或 Enterprise（64 位）
- MacOS
  - 10.10.3 或更高的版本

下面以 Ubuntu 16.04.3 版本为例，安装 Docker 应用。Docker 安装步骤比较简单，主要包括以下 3 个步骤。

（1）获取 Docker 的安装包并安装

安装系统自带的版本，使用以下命令进行安装：

```
apt-get install -y docker.io
```

（2）启动 Docker 后台服务

使用以下命令启动 Docker 服务：

```
sudo service docker start
```

Docker 服务启动成功后，才可以使用 Docker 命令进行相关操作。

（3）查看 Docker 版本

运行以下命令，若程序在屏幕输出显示 Docker 版本号，则代表 Docker 安装成功。

```
docker --version
```

任务 3　掌握 Docker 常用命令

3.3.1　Docker 镜像操作命令

开发者在装有 Docker 的机器上可以使用一些命令，进行镜像的管理。具体命令如下。

Docker镜像操作

1. 镜像的查看

使用以下命令可以查看本地镜像列表，展示结果如图 3.7 所示。其中 IMAGE ID 为镜像的唯一标识。后续很多与镜像相关的操作都是基于 IMAGE ID 或镜像名称进行的。

```
docker images
```

```
root@px2-Wenxiang-E620:~# docker images
REPOSITORY                     TAG       IMAGE ID        CREATED         SIZE
pd-node-dm                     latest    03b425a49f17    3 weeks ago     920 MB
hello_world                    latest    77bfc039ea05    3 weeks ago     204 MB
tomcat                         latest    a92c139758db    4 weeks ago     558 MB
nginx                          latest    3f8a4339aadd    2 months ago    108 MB
yi/centos7-zookeeper3.4.11     latest    4e544c49301a    2 months ago    1.95 GB
yi/centos7-nexus               latest    ba89f9097bb1    2 months ago    1.97 GB
<none>                         <none>    75c7dee411b2    2 months ago    1.97 GB
yi/centos7-ssh-tengine-local   latest    2f61a8cee46b    2 months ago    802 MB
yi/centos7-jenkins             latest    cee0ac8bf3e8    2 months ago    2.47 GB
<none>                         <none>    6f58691fb0d5    2 months ago    802 MB
yi/centos7-dubboadmin284       latest    3316b7bbffad    2 months ago    1.94 GB
yi/centos7-redis               latest    61f6a652dc3a    2 months ago    845 MB
mysql-container-hl             latest    4149b6b54c05    2 months ago    5.37 GB
yi/centos7-kong                latest    8486a801a9fd    2 months ago    799 MB
yi/centos7-nodejs              latest    2ad152d00c5a    2 months ago    897 MB
yi/centos7-konga               latest    b6e77a8964af    2 months ago    384 MB
yi/centos7-eureka              latest    d359a0b8c409    2 months ago    2.21 GB
yi/centos7-tomcat7             latest    92a44518aba7    2 months ago    1.85 GB
yi/centos7-mycat1.6            latest    3465678304e2    2 months ago    1.87 GB
yi/centos7-activemq5.15.2      latest    665028e1c74b    2 months ago    2 GB
```

图3.7　使用Docker查看本地镜像

2. 镜像的搜索

用户也可以从 Registry 上搜索想要使用的镜像，命令如下：

```
docker search  镜像关键词
```

搜索 hello-world 镜像的结果如图 3.8 所示，从左到右分别为镜像名称、描述、评分等。

```
root@px2-Wenxiang-E620:~# docker search hello-world
NAME                                          DESCRIPTION                                       STARS     OFFICIAL   AUTOMA
TED
hello-world                                   Hello World! (an example of minimal Docker...     449       [OK]
kitematic/hello-world-nginx                   A light-weight nginx container that demons...     95
tutum/hello-world                             Image to test docker deployments. Has Apac...     48                   [OK]
dockercloud/hello-world                       Hello World!                                      13                   [OK]
hypriot/armhf-hello-world                     Hello World! (an example of minimal Docker...     5
marcells/aspnet-hello-world                   ASP.NET vNext - Hello World                       5                    [OK]
armhf/hello-world                             Hello World! (an example of minimal Docker...     5
bonomat/nodejs-hello-world                    a simple nodejs hello world container             3                    [OK]
crccheck/hello-world                          Hello World web server in under 2.5 MB            2                    [OK]
carinamarina/hello-world-app                  This is a sample Python web application, r...     1                    [OK]
ppc64le/hello-world                           Hello World! (an example of minimal Docker...     1
infrastructureascode/hello-world              A tiny "Hello World" web server with a hea...     0                    [OK]
ansibleplaybookbundle/hello-world-apb         An APB which deploys a sample Hello World!...     0                    [OK]
kevindockercompany/hello-world                                                                  0
ansibleplaybookbundle/hello-world-db-apb      An APB which deploys a sample Hello World!...     0                    [OK]
s390x/hello-world                             Hello World! (an example of minimal Docker...     0
gscrivano/hello-world                         hello world example system container              0                    [OK]
hello-seattle                                 Hello from DockerCon 2016 (Seattle)!              0         [OK]
1kungs/docker-hello-world                     Simple Hello World Example                        0                    [OK]
burdz/hello-world-k8s                         To provide a simple webserver that can hav...     0                    [OK]
ashleybarrett/node-hello-world                Simple "hello world" image using node.            0
```

图3.8　从Registry搜索远程镜像

注意

用户可以修改 Registry 地址（具体方法可自行查阅），如果不对 Registry 地址做修改，默认是从 Docker 官方的 Docker Hub 上下载镜像。

3. 镜像的拉取

用户搜索出镜像后，可以对线上的镜像进行拉取（Pull）。命令如下：

docker pull [OPTIONS] NAME[:TAG|@DIGEST]

我们利用搜索出来的镜像名称可以拉取线上镜像成为本地镜像，如图 3.9 所示。拉取后可以使用“docker images|grep 镜像关键词”进行镜像搜索，查看镜像是否拉取成功。

```
root@px2-Wenxiang-E620:~# docker pull hello-world
Using default tag: latest
latest: Pulling from library/hello-world
Digest: sha256:083de497cff944f969d8499ab94f07134c50bcf5e6b9559b27182d3fa80ce3f7
Status: Image is up to date for hello-world:latest
root@px2-Wenxiang-E620:~# docker images|grep hello-world
hello-world              latest              f2a91732366c        3 months ago        1.85 kB
root@px2-Wenxiang-E620:~# 
```

图3.9　从Registry拉取hello-world镜像

4. 镜像的删除

用户可以对本地镜像进行删除，其命令如下：

docker rmi 镜像 ID 或镜像名称

图 3.10 所示为根据 Image ID 删除 hello-world 镜像（也可以使用镜像名称对镜像进行删除）。

```
root@px2-Wenxiang-E620:~# docker images|grep hello-world
hello-world              latest              f2a91732366c        3 months ago        1.85 kB
root@px2-Wenxiang-E620:~# docker rmi f2a91732366c
Untagged: hello-world:latest
Untagged: hello-world@sha256:083de497cff944f969d8499ab94f07134c50bcf5e6b9559b27182d3fa80ce3f7
Deleted: sha256:f2a91732366c0332ccd7afd2a5c4ff2b9af81f549370f7a19acd460f87686bc7
Deleted: sha256:f999ae22f308fea973e5a25b57699b5daf6b0f1150ac2a5c2ea9d7fecee50fdf
root@px2-Wenxiang-E620:~# 
```

图3.10　根据镜像ID删除hello-world镜像

5. 制作镜像

用户可以利用已有的镜像重新制作新的镜像。制作镜像涉及一个概念：Dockerfile。Dockerfile 就是告诉 Docker，制作镜像的每一步操作是什么。编写好 Dockerfile 后，执行 docker build 命令，就可以生成我们自己的镜像。

一个简单的 Dockerfile 如下：第一行代表依赖的基础镜像，第二行代表创建者的信息，第三行代表将本地的 index.html 文件拷贝到容器对应的/usr/tomcat/webapps/ROOT/目录下，第四行代表监听 8080 端口。

```
FROM registry.cn-hangzhou.aliyuncs.com/shuodao/tomcat-8.5.27
MAINTAINER LEON-DU
COPY index.html /usr/tomcat/webapps/ROOT/
EXPOSE 8080/tcp
```

创建好 Dockerfile 后，执行 build 命令，如图 3.11 所示。

```
docker build -t mytomcat .
```

-t 后面标示要创建的镜像的名称，.代表 Dockerfile 所在的路径。

```
root@px2-PowerEdge-R410:/home/px2# docker build -t mytomcat .
Sending build context to Docker daemon   893 MB
Step 1/4 : FROM registry.cn-hangzhou.aliyuncs.com/shuodao/tomcat-8.5.27
latest: Pulling from shuodao/tomcat-8.5.27
8f7c85c2269a: Pull complete
9e72e494a6dd: Pull complete
3009ec50c887: Pull complete
9d5ffccbec91: Pull complete
e872a2642ce1: Pull complete
558a041b7256: Pull complete
5bd2d92394a5: Pull complete
Digest: sha256:05fa942790b8d42bfd4f5a16527609c9e9ddb4a45a04a8d31e5750c3a2b7c1bd
Status: Downloaded newer image for registry.cn-hangzhou.aliyuncs.com/shuodao/tomcat-8.5.27:latest
 ---> d07ca8aba782
Step 2/4 : MAINTAINER LEON-DU
 ---> Running in 2ef78d645cc4
 ---> 3af515dd1a53
Removing intermediate container 2ef78d645cc4
Step 3/4 : COPY index.html /usr/tomcat/webapps/ROOT/
 ---> aa05fa467152
Removing intermediate container 06343b57a665
Step 4/4 : EXPOSE 8080/tcp
 ---> Running in 0f83cedc3381
 ---> 9a5e2ea02b10
Removing intermediate container 0f83cedc3381
Successfully built 9a5e2ea02b10
root@px2-PowerEdge-R410:/home/px2#
```

图3.11 根据Dockerfile创建镜像

创建完成后查看镜像，如图 3.12 所示。

```
root@Du:/home/leon/桌面# docker images
REPOSITORY                                                TAG       IMAGE ID       CREATED              SIZE
mytomcat                                                  latest    09aec69fa8b4   About a minute ago   369 MB
registry.cn-hangzhou.aliyuncs.com/shuodao/tomcat-8.5.27   latest    d07ca8aba782   3 weeks ago          369 MB
hello-world                                               latest    f2a91732366c   3 months ago         1.85 kB
registry.cn-beijing.aliyuncs.com/wz-web/sd-tomcat         latest    ba886ec36fec   13 months ago        1.62 GB
root@Du:/home/leon/桌面#
```

图3.12 查看创建的镜像

3.3.2 Docker 容器操作命令

1. 生成容器

在本地有了镜像之后（默认安装 Docker 后，会自带初始镜像，可通过 docker images

命令进行查看），开发者就可以使用镜像生成容器，具体命令如下：

```
docker run -d -p 8888:8080 --name tomcat-test tomcat
```

启动 tomcat 镜像成为容器，并为这个容器起名为：tomcat-test，如图 3.13 所示。启动后可以通过访问宿主机的端口访问容器内部服务，如图 3.14 所示。

```
root@px2-Wenxiang-E620:~# docker run -d -p 8888:8080 --name tomcat-test tomcat
d9c6b8acc7c6497933eab7bf5cb4f36eb2f27f2f94e9f94270da0b49232e984b
root@px2-Wenxiang-E620:~# 
```

图3.13　生成Tomcat容器

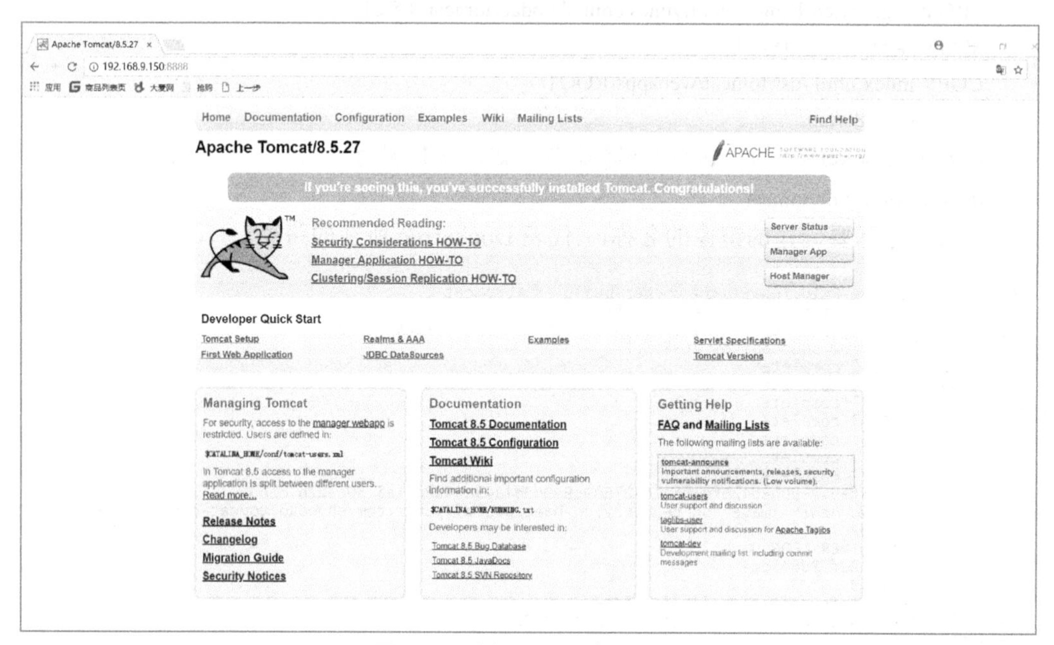

图3.14　访问Tomcat容器主页

2. 查看容器

查询正在运行的容器：docker ps|grep 容器关键词。

查询全部（包括已停止）的容器：docker ps -a|grep 容器关键词，如图 3.15 所示。

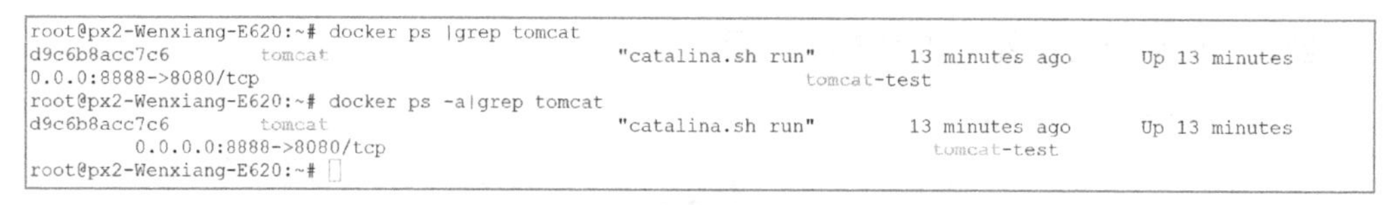

图3.15　根据容器关键词查询容器

3. 进入容器

容器启动后，开发者可以进入容器内部执行相关命令，就像操作一台真实的服务器一样，命令如下：

```
docker exec -it 容器 ID/容器名称 /bin/bash
```

进入 Tomcat 容器内部操作，如图 3.16 所示。

```
root@px2-Wenxiang-E620:~# docker ps |grep tomcat
d9c6b8acc7c6        tomcat                          "catalina.sh run"        16 minutes ago      Up 16 minutes       0.
0.0.0:8888->8080/tcp                                      tomcat-test
root@px2-Wenxiang-E620:~# docker ps -a|grep tomcat
d9c6b8acc7c6        tomcat                          "catalina.sh run"        16 minutes ago      Up 16 minutes
        0.0.0.0:8888->8080/tcp                                      tomcat-test
root@px2-Wenxiang-E620:~# docker exec -it d9c6b8acc7c6 /bin/bash
root@d9c6b8acc7c6:/usr/local/tomcat#
```

图3.16　进入容器

4. **退出容器**

在容器内部输入：exit，则可退出当前容器，如图 3.17 所示。

```
root@px2-Wenxiang-E620:~# docker ps |grep tomcat
d9c6b8acc7c6        tomcat                          "catalina.sh run"        16 minutes ago      Up 16 minutes       0.
0.0.0:8888->8080/tcp                                      tomcat-test
root@px2-Wenxiang-E620:~# docker ps -a|grep tomcat
d9c6b8acc7c6        tomcat                          "catalina.sh run"        16 minutes ago      Up 16 minutes
        0.0.0.0:8888->8080/tcp                                      tomcat-test
root@px2-Wenxiang-E620:~# docker exec -it d9c6b8acc7c6 /bin/bash
root@d9c6b8acc7c6:/usr/local/tomcat# exit
exit
root@px2-Wenxiang-E620:~#
```

图3.17　退出容器

5. **停止容器**

在宿主机命令行中输入以下命令，即可停止当前运行的容器，如图 3.18 所示。

docker stop 容器 ID/容器名称

```
root@px2-Wenxiang-E620:~# docker stop d9c6b8acc7c6
d9c6b8acc7c6
root@px2-Wenxiang-E620:~#
```

图3.18　停止容器

6. **启动容器**

容器停止后，在宿主机命令行中输入以下命令，就可以重新运行容器，如图 3.19 所示。

docker start 容器 ID/容器名称

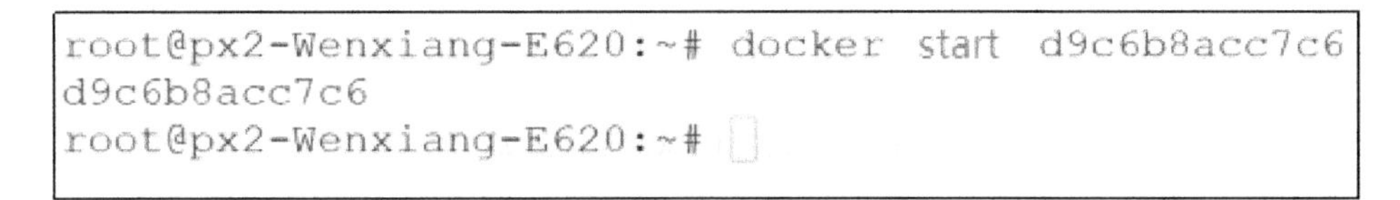

```
root@px2-Wenxiang-E620:~# docker start d9c6b8acc7c6
d9c6b8acc7c6
root@px2-Wenxiang-E620:~#
```

图 3.19　启动容器

7. **删除容器**

容器停止后，依然存在于服务器内部，且占有一定的空间。若想删除容器，需要使用以下命令（注意与删除镜像命令进行对比），如图 3.20 所示。

docker rm 容器 ID/容器名称

```
root@px2-Wenxiang-E620:~# docker rm d9c6b8acc7c6
d9c6b8acc7c6
root@px2-Wenxiang-E620:~# 
```

图 3.20　删除容器

8. 复制文件

容器的空间相对隔离，改变容器中的文件就变得不是那么容易。使用 docker cp 命令可以复制宿主机文件到容器内部。如使用图 3.21 的 index.html 页面替换 Tomcat 容器内部的 Tomcat 主页，可以使用图 3.22 所示的命令实现。复制成功后访问该容器，结果如图 3.23 所示。

复制宿主机文件到容器：docker cp 宿主机目录及文件 容器名称:容器目录。

图3.21　index.html页面内容

```
root@px2-Wenxiang-E620:~# docker cp index.html tomcat-test:/usr/local/tomcat/webapps/ROOT/inde
x.html
root@px2-Wenxiang-E620:~# 
```

图3.22　复制index.html到Tomcat容器相应目录

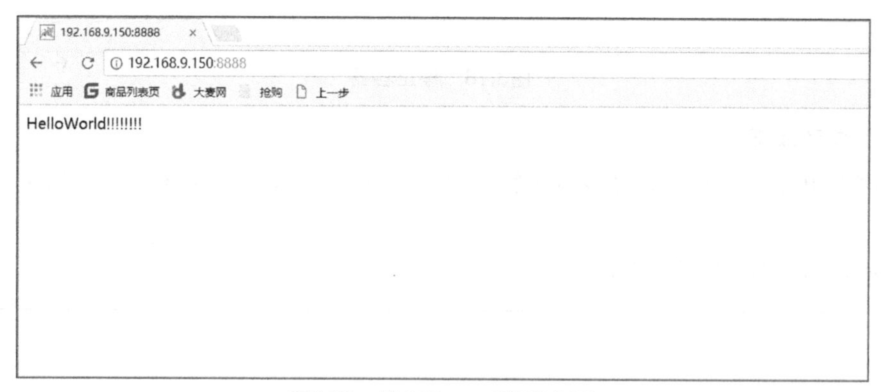

图3.23　访问Tomcat容器主页

9. 为容器指定固定 IP

默认的 bridge 模式下无法直接为容器设置固定 IP，若想要设置固定 IP，需要先创建自定义网络并指定网段，命令如下：

docker network create --subnet=172.18.0.0/16 自定义名称

然后在启动容器的时候指定 IP，命令如下：

docker run -it -d --net 自定义名称 --ip 172.18.0.8 --name mytomcat tomcat

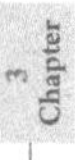

任务 4　了解 Docker 可视化

为了方便开发者对 Docker 应用的管理，如管理镜像和容器，可使用 Docker 可视化管理工具。常见的 Docker 可视化管理工具有 DockerUI 和 Shipyard（如图 3.24 和图 3.25 所示）。这两套可视化管理工具都可以单独安装，具体安装步骤可自行查阅相关资料。

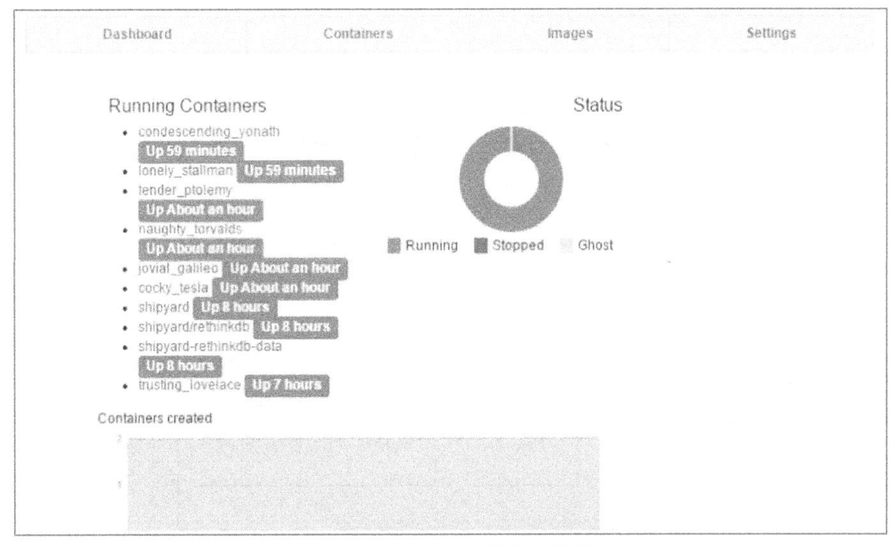

图3.24　DockerUI管理界面

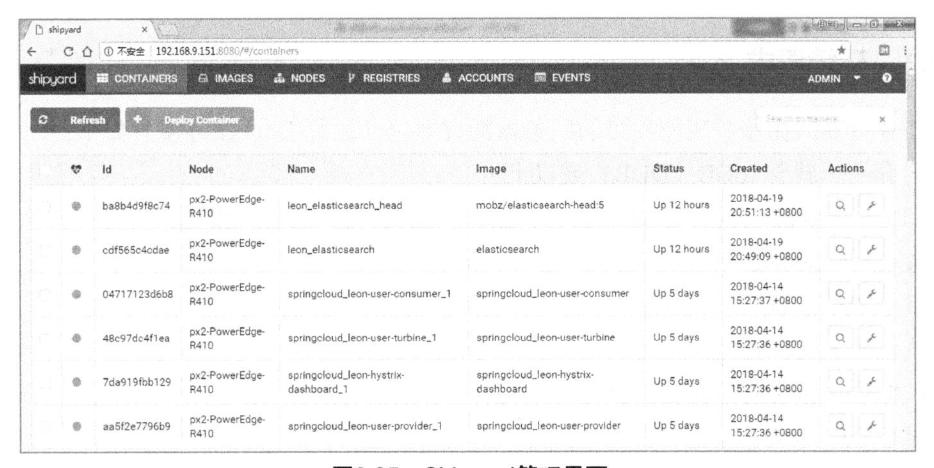

图3.25　Shipyard管理界面

任务 5　使用 Docker 搭建项目环境

通过以上任务的练习，我们已经知道 Docker 的相关概念及大概的应用场景。在“双

11”抢购项目中，可以使用 Docker 将原有的一台服务器隔离成多个容器。每一个容器部署一个“双 11”抢购的服务。“双 11”抢购项目中的 Docker 应用架构如图 3.26 所示。每一个长方形代表一个 Docker 容器。基础服务 Docker 通过 pull 命令拉取对应的服务镜像并生成容器对外提供服务。

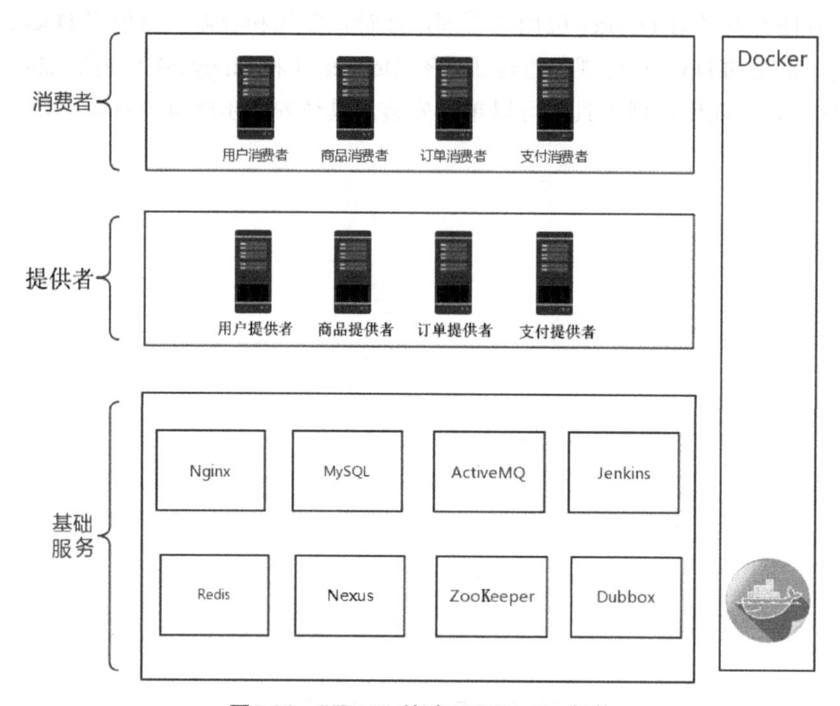

图3.26 “双11”抢购项目Docker架构

3.5.1 环境要求

搭建分布式微服务架构项目的服务器配置要求（运行 Docker 环境）如下：

内存——最少 16GB（DDR3 或以上）

CPU——标准电压版 i5 3470（或以上）4 核单线程（双线程更好）

硬盘——500GB 以上

其他机器配置要求如下：

内存——8GB 以上

CPU——标准电压版 i5+双核+

硬盘——500GB 以上

3.5.2 搭建步骤

（1）安装 Ubuntu 系统。安装完成后需要设置好固定 IP，如果使用 xshell 等远程连接，则需要安装 ssh 服务和解决 root 远程连接拒绝问题。

（2）安装 Docker 和 Shipyard。

（3）下载基础镜像。

docker pull centos

注意

如果下载速度过慢，可以使用阿里云等镜像加速。

（4）执行初始化脚本创建镜像。

Dockerfile及脚本文件素材

首先把 dockerfiles-master.zip 上传到 Ubuntu 上并解压，然后对目录 env10.1 下的所有.sh 文件进行可执行权限的授权：chmod 777 *.sh，最后执行如下命令：./im-1.sh all n，通过 Dockerfile 来创建所有镜像。

注意

① 脚本是全自动的，不用管。千万注意这是基于 SSH 的，如果是使用 xshell 远程连接的，则不能关掉 xshell，因为没有放入后台运行，需要一直保持连接。

② 在执行脚本过程中发生过 JDK 的下载失效、Tomcat 的下载链接失效等问题。如果下载失败，可以直接访问该链接，测试是否可用。如果 Tomcat 的链接因为具体的版本号发生了改变，需要更改 Dockerfile 中的下载链接和对应的目录名称。其他也一样，但切记不要直接 pull 一个同名镜像，因为 Dockerfile 中会有其他操作，这样做会导致其他的操作失败。

如果发现某个镜像创建失败，则需要单独重新创建这个镜像，否则后面的容器初始化脚本执行时也会有问题。单独创建镜像的命令如下：

./im-1.sh 镜像名称 n Dockerfile 路径

（5）执行初始化脚本创建容器。

./InitContainers-2.sh init

只要之前的镜像创建没有问题，生成容器基本上也不会有问题。如果有问题，先删除容器，然后修改镜像，再重新执行脚本创建容器。

3.5.3 相关配置和检查

在实际环境中，一般只对外提供 80 端口访问，其余都由 Nginx 代理处理。但是在开发中为了方便调试，一般会开放一些端口，比如 MySQL 会设置用户名、密码及开放 3306 端口，这样就可以通过客户端远程查看；Redis 也会设置密码和开放 6379 端口，方便 Redis 客户端远程操作。

1. **配置** MySQL

通过 Shipyard，选择 MySQL 容器，如图 3.27 所示。

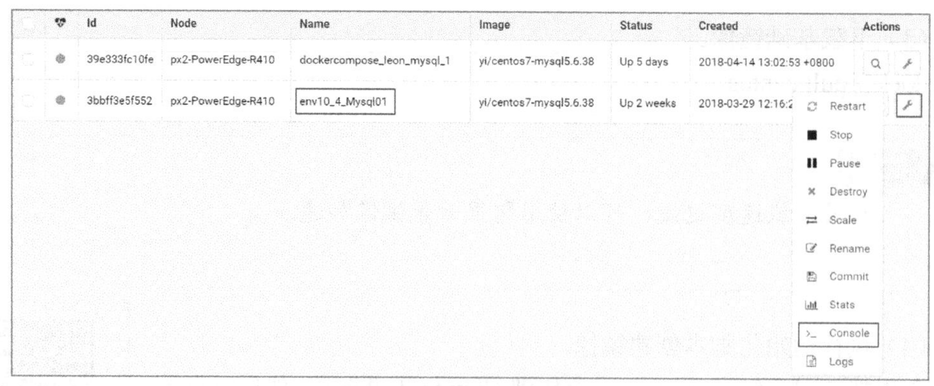

图3.27　Shipyard管理界面

进入控制台，点击 Run，如图 3.28 所示。

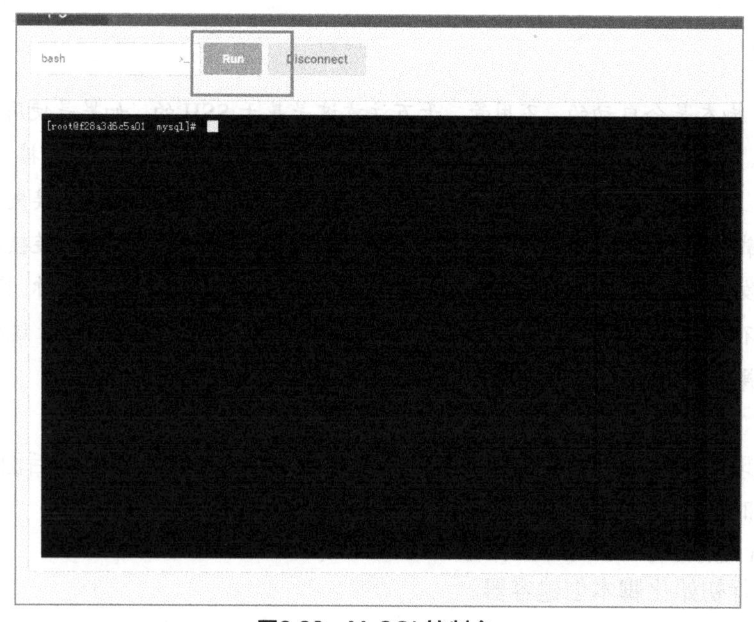

图3.28　MySQL控制台

执行 MySQL 配置命令，登录 MySQL，修改密码，授权，测试连接，如图 3.29 和图 3.30 所示。

```
# mysql -uroot -p
Enter password: 【输入原来的密码】
mysql>use mysql;
mysql> update user set password=password("123456") where
  user='root';
```

图3.29　MySQL设置用户名和密码

```
mysql> grant all privileges on *.* to root@'%' identified by
'123456' with grant option;
```

图3.30　MySQL开启远程访问

其中 grant all privileges on *.* to root@'%' identified by '123456' with grant option 命令，是设置 MySQL 可以通过远程访问的。如果不执行这个命令，则通过远程客户端的连接将会失败，如图 3.31 所示。

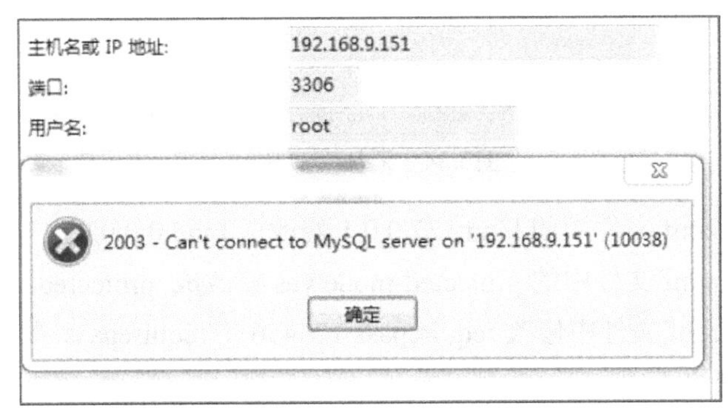

图3.31　MySQL客户端连接失败

在执行这个命令的过程中，可能会报错：找不到 grant 这个命令。此时需要进入到 MySQL 容器中，执行命令：ln -s /usr/local/mysql/bin/mysql /usr/bin，如图 3.32 所示。

```
root@px2-PowerEdge-R410:/home/px2/tools/dokerfiles-master/env10.1# docker exec -it d236a50adb8a /bin/bash
[root@d236a50adb8a mysql]# ls
bin  COPYING  data  docs  include  lib  man  my.cnf  mysql-test  README  scripts  share  sql-bench  supervisord.log  supervisord.pid  support-files
[root@d236a50adb8a mysql]# cd /
[root@d236a50adb8a /]# ls
anaconda-post.log  bin  dev  etc  home  lib  lib64  media  mnt  opt  proc  root  run  sbin  srv  sys  usr  var
[root@d236a50adb8a /]# cd usr
[root@d236a50adb8a usr]# ls
bin  etc  games  include  lib  lib64  libexec  local  sbin  share  src  tmp
[root@d236a50adb8a usr]# cd local
[root@d236a50adb8a local]# ls
bin  etc  games  include  lib  lib64  libexec  mysql  sbin  share  src
[root@d236a50adb8a local]# cd mysql
[root@d236a50adb8a mysql]# ls
bin  COPYING  data  docs  include  lib  man  my.cnf  mysql-test  README  scripts  share  sql-bench  supervisord.log  supervisord.pid  support-files
[root@d236a50adb8a mysql]# cd /
[root@d236a50adb8a /]# ln -s /usr/local/mysql/bin/mysql /usr/bin
```

图3.32　设置可以执行grant命令

再重新通过 Shipyard 进入到 MySQL 的窗口中执行，此时就可以了，然后通过客户端访问，如图 3.33 所示。

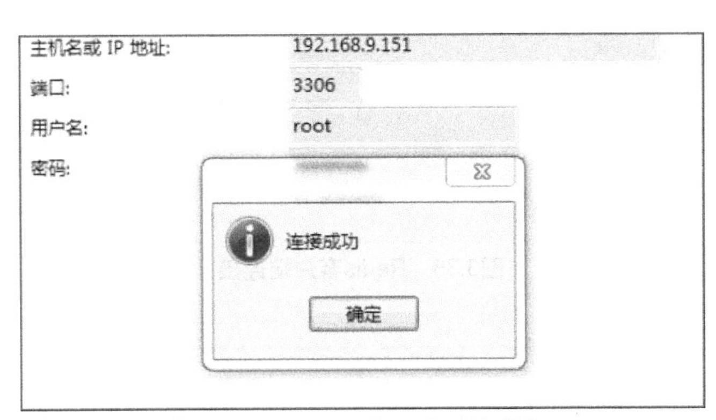

图3.33　MySQL客户端连接成功

2. 配置 Redis 可以通过客户端远程访问

（1）开放 6379 端口，执行./run.sh redis 命令，其实就是删除之前的 Redis 容器，并启动一个新容器，在新生成的容器中开放 6379 端口映射，如图 3.34 所示。

```
if [[ "$who"x == "nginx"x ]]; then
      docker stop ${containers[0]}
      docker rm ${containers[0]}
      docker run -d -p 80:80 --net=${bridgename} --ip=192.168.10.2 --restart=always --name ${containers[0]} yi/
elif [[ "$who"x == "redis"x ]]; then
      docker stop ${containers[1]}
      docker rm ${containers[1]}
      docker run -d -p 6379:6379 --net=${bridgename} --ip=192.168.10.3 --restart=always --name ${containers[1]}
elif [[ "$who"x == "mysql"x ]]; then
      docker stop ${containers[2]}
      docker rm ${containers[2]}
      docker run -d -p 3306:3306 --net=${bridgename} --ip=192.168.10.4 --restart=always --name ${containers[2]}
```

图3.34　添加端口映射

（2）将 Redis.conf 文件中的 bind 127.0.0.1 修改成 bind 0.0.0.0。

（3）将 Redis.conf 文件中的 protected-mode yes 修改成 protected-mode no。

（4）在 Redis.conf 文件中修改 requirepass 123456 ，requirepass 默认是注释掉的，需要去掉，并设置密码。

（5）全部修改完之后，通过 stop、start 命令重新启动当前容器。

注意

此时不能通过 /run.sh redis 来创建容器，因为此操作将是新创建容器，之前的修改内容都被覆盖掉了。

此时就能通过客户端远程连接 Redis 服务了，如图 3.35 所示。

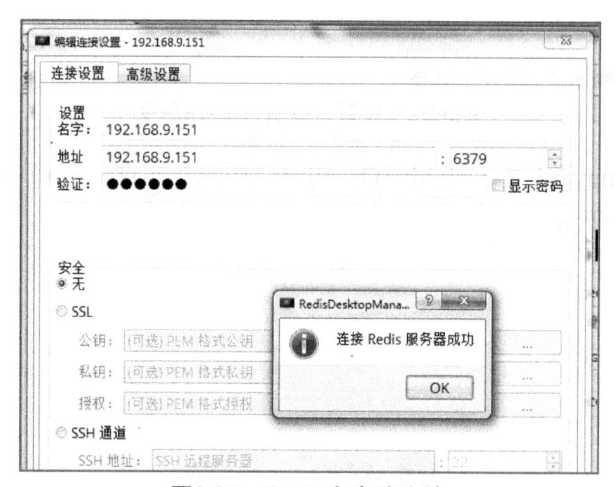

图3.35　Redis客户端连接

注意

有可能此时的连接提示失败信息：Connection error:Errorcommunicating with HTTP proxy。出现这个问题的原因是本地代理导致的，一定要关闭本地 IE 浏览器代理，然后重新测试连接，就没有问题了。

3.5.4　测试服务

容器创建成功后，需要在宿主机测一下 Nginx 的稳定性。在宿主机上的 hosts 里配置域名，如图 3.36 所示，然后在宿主机上的浏览器中测试 Nginx 是否稳定，之后在宿主机的浏览器访问你刚刚配置的域名，看是否能访问。宿主机不能直接访问 IP（因为 Nginx 内配置的全是域名）。

```
192.168.9.151 jira.local.com
192.168.9.151 mq.local.com
192.168.9.151 confluence.local.com
192.168.9.151 da.local.com
192.168.9.151 jenkins.local.com
192.168.9.151 api.local.com
192.168.9.151 eureka.local.com
192.168.9.151 konga.local.com
192.168.9.151 nexus.local.com
192.168.9.151 goods.local.com
192.168.9.151 order.local.com
192.168.9.151 user.local.com
192.168.9.151 aliPay.local.com
```

图3.36　hosts 文件域名映射

访问 http://mq.local.com 来验证 ActiveMQ 是否正常启动，正常界面如图 3.37 所示。

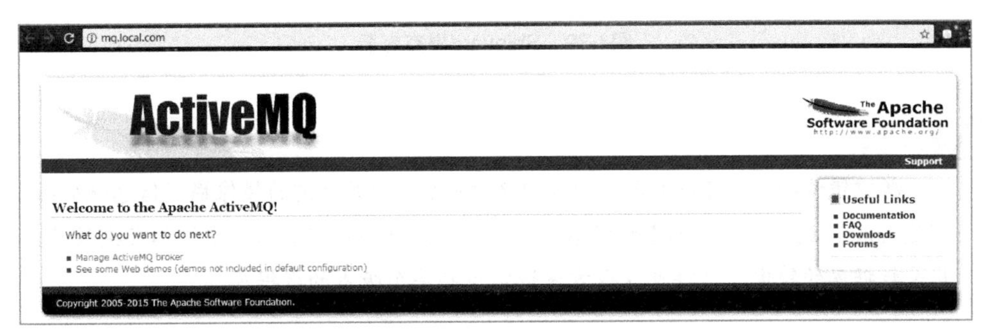

图3.37　ActiveMQ服务管理

如果不能访问界面，则可能服务还没有启动。进入到 ActiveMQ 对应容器中的以下目录：usr/local/apache-activemq-5.15.2/bin/，然后执行命令：./activemq start。执行完成再执行命令 ps -ef |grep mq 进行查看，如果显示如图 3.38 所示，则代表 ActiveMQ 启动成功。

```
root@px2-PowerEdge-R410:/home/px2/tools# docker exec -it 9a9b606cdffb /bin/bash
[root@9a9b606cdffb local]# cd /usr/local/apache-activemq-5.15.2/bin/
[root@9a9b606cdffb bin]# ./activemq start
INFO: Loading '/usr/local/apache-activemq-5.15.2//bin/env'
INFO: Using java '/usr/local/java/jdk1.8.0_11/bin/java'
INFO: Starting - inspect logfiles specified in logging.properties and log4j.properties to get details
INFO: pidfile created : '/usr/local/apache-activemq-5.15.2//data/activemq.pid' (pid '344')
[root@9a9b606cdffb bin]# ps -ef |grep mq
root       344     0 99 09:06 ?        00:00:13 /usr/local/java/jdk1.8.0_11/bin/java -Xms64M -Xmx1G -Djava.util.logging.c
onfig.file=logging.properties -Djava.security.auth.login.config=/usr/local/apache-activemq-5.15.2//conf/login.config -Dco
m.sun.management.jmxremote -Djava.awt.headless=true -Djava.io.tmpdir=/usr/local/apache-activemq-5.15.2//tmp -Dactivemq.cl
asspath=/usr/local/apache-activemq-5.15.2//conf:/usr/local/apache-activemq-5.15.2//../lib/: -Dactivemq.home=/usr/local/ap
ache-activemq-5.15.2/ -Dactivemq.base=/usr/local/apache-activemq-5.15.2/ -Dactivemq.conf=/usr/local/apache-activemq-5.15.
2//conf -Dactivemq.data=/usr/local/apache-activemq-5.15.2//data -jar /usr/local/apache-activemq-5.15.2//bin/activemq.jar
start
root       392   294  0 09:06 ?        00:00:00 grep --color=auto mq
[root@9a9b606cdffb bin]#
```

图3.38　ActiveMQ服务启动成功

然后再访问 http://mq.local.com 就可以了。

3.5.5 生成镜像

如果容器有增加数据或者配置更改，可以生成新的镜像，比如 MySQL。想要通过容器生成镜像可以使用 commit 命令，这里我们使用 Shipyard 来提交，如图 3.39 所示。

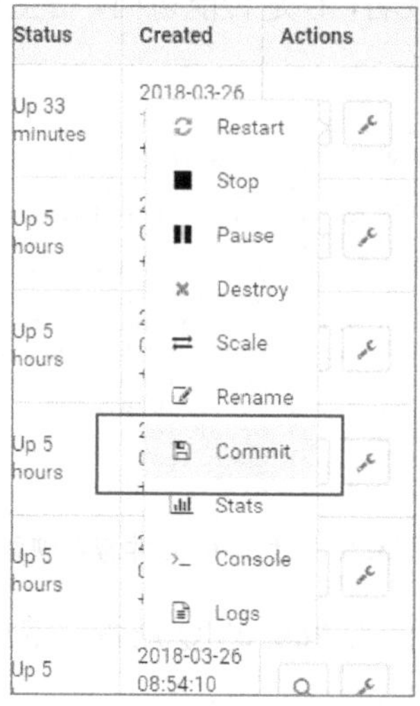

图3.39 Shipyard提交容器

注意

新建镜像的名称可以和原来的镜像名称一样，但是之前的镜像描述信息就失去了，都是 none，这不利于我们查找版本。所以一般是在新镜像的名称中添加日期信息，尤其是数据库的镜像，这样可以很方便地定位到某个版本的数据库。

3.5.6 发布服务

1. 上传脚本和 Jar 包

将脚本和生成的 Jar 包（provider 和 consumer 服务）上传到服务器，如图 3.40 所示。

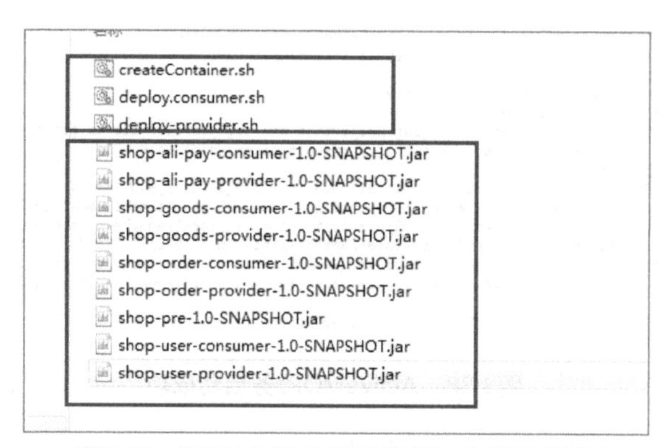

图3.40 “双11”抢购项目服务jar文件及脚本

2. 执行脚本

切换到脚本所在目录，执行命令：./createContainer.sh，创建相关容器。然后修改脚本 deploy-provider.sh，将里面的路径修改为上传到服务器的地址，如图 3.41 所示。

```
#!/bin/bash
#执行容器重启
docker cp /home/px2/tools/jars/shop-goods-provider-1.0-SNAPSHOT.jar rpc_goods_provider:/usr/local/
docker cp /home/px2/tools/jars/shop-user-provider-1.0-SNAPSHOT.jar  rpc_user_provider:/usr/local/
docker cp /home/px2/tools/jars/shop-order-provider-1.0-SNAPSHOT.jar rpc_order_provider:/usr/local/
docker cp /home/px2/tools/jars/shop-ali-pay-provider-1.0-SNAPSHOT.jar rpc_ali_pay_provider:/usr/lo
docker cp /home/px2/tools/jars/shop-ali-pay-consumer-1.0-SNAPSHOT.jar rpc_ali_pay_consumer:/usr/lo
docker cp /home/px2/tools/jars/shop-user-consumer-1.0-SNAPSHOT.jar rpc_user_consumer:/usr/local/
docker cp /home/px2/tools/jars/shop-order-consumer-1.0-SNAPSHOT.jar rpc_order_consumer:/usr/local/
docker cp /home/px2/tools/jars/shop-goods-consumer-1.0-SNAPSHOT.jar rpc_goods_consumer:/usr/local/
docker cp /home/px2/tools/jars/shop-pre-1.0-SNAPSHOT.jar rpc_shop_pre:/usr/local
```

图3.41　修改文件地址

修改完成后，执行脚本：./deploy-provider.sh。

最后执行脚本：./deploy.consumer.sh。

注意

脚本要按顺序执行。首先执行脚本./deploy-provider.sh 创建提供者，然后执行脚本./deploy.consumer.sh 创建消费者。如果提供者没有启动成功就启动消费者，那么消费者会启动失败。所以一般启动提供者之后，先在 Dubbo 的管理界面查看到对应服务注册成功后，再去创建消费者。有时候会比较慢，多刷新等待一会儿。

服务启动之后，因为之前已经配置过域名映射，所以直接访问 http://da.local.com，可以查看注册的提供者和消费者，如图 3.42 所示。

图3.42　查看注册的提供者服务

然后就可以访问前端页面：http://192.168.9.151:8888/，效果如图 3.43 所示。

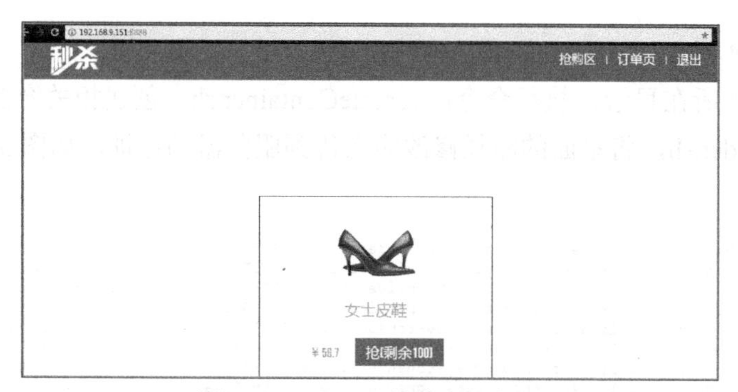

图3.43 “双11”抢购项目主页

本章总结

本章学习了以下知识点：

- Docker 的安装及 Docker 的运行原理。
- Docker 中镜像的操作使用。
- Docker 中容器的操作使用。
  - 容器的创建、运行、停止、删除。
  - 容器的网络设置：IP 和端口。
- Docker 的可视化工具 Shipyard。
- 使用 Docker 搭建完成的“双 11”抢购项目环境。

本章练习

1. 安装 Docker。
2. 下载 Tomcat 的 Docker 镜像并启动成容器，运行 Tomcat 容器并访问其主页。
3. 向作业 2 中的 Tomcat 容器里发布 Java Web 程序，并运行访问程序主页。
4. 搭建起“双 11”抢购项目的环境，理解“双 11”抢购项目的架构设计。

第 4 章

Spring Boot 初体验

技能目标

- ❖ 掌握 Spring Boot 的定义和作用
- ❖ 掌握如何搭建 Spring Boot 项目
- ❖ 掌握 Spring Boot 整合 MyBatis
- ❖ 掌握 Spring Boot 整合 Redis
- ❖ 掌握自定义 Spring Boot 的自动配置

本章任务

学习本章内容，需要完成以下四个工作任务。记录学习过程中遇到的问题，可以通过自己的努力或访问 kgc.cn 解决。

任务 1：掌握 Spring Boot 的定义和作用

任务 2：掌握 Spring Boot 项目环境搭建的步骤

任务 3：整合 MyBatis 和 Redis

任务 4：自定义 Spring Boot 的自动配置

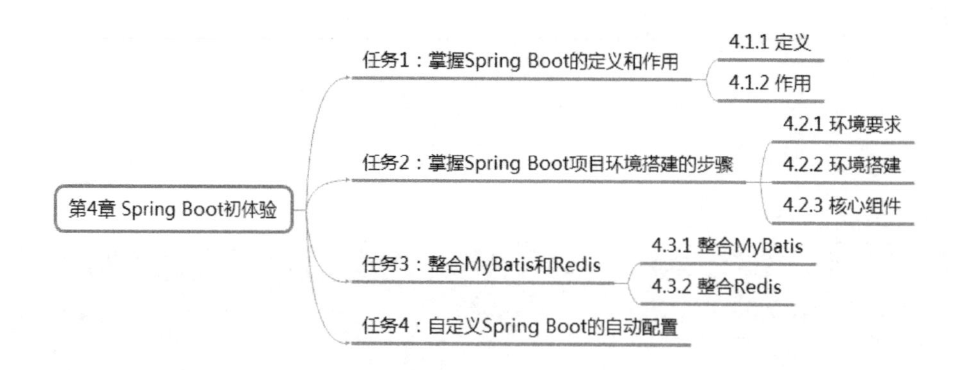

任务 1 掌握 Spring Boot 的定义和作用

4.1.1 定义

Spring Boot 遵循“约定优于配置”的原则，以精简配置降低开发成本为目的，是简化了配置的 Spring。通俗地讲，Spring Boot 可以替我们做一些自动配置（比如 SSM 框架中写在 xml 文件中的各种配置），这些自动配置更像是一些在项目框架搭建过程中约定好的内容，这些约定好的内容由 Spring Boot 的自动配置来完成，替我们省去了很多配置工作。熟悉 SSH 或者 SSM 框架的软件开发人员应该知道，这将是一个很大的福利。使用 Spring Boot 可以快速创建 SSM 框架，如图 4.1 所示。

图4.1 Spring Boot可以快速创建SSM框架

4.1.2 作用

作为微服务架构的必备武器，Spring Boot 带来了很多的好处。

1. *使编码变简单*

Spring Boot 内部集成了很多的自动配置，这些自动配置不只是限于 Spring、Spring MVC、MyBatis 和 Struts 这些众所周知的主流框架，还集成有像 Redis、Elasticsearch、JPA 等接近百项的技术。另外，除了默认集成的这些自动配置以外，开发人员还可以开发属于自己的自动配置。这些自动配置将给开发人员带来很大的方便，比如使用 MyBatis 的自动配置时，我们只需要添加一个注解和一两个配置信息，就可以将 MyBatis 集成进来。

Spring Boot 是精简配置，但并不代表没有配置。使用 Spring Boot 进行开发时几乎所有的配置内容都集中在一个叫作 application.properties（或者 application.yml）的文件中，而且 Spring Boot 自定义了丰富的元数据，这些元数据都可以通过代码提示的形式进行配置，非常方便。

2. 使部署变简单

以往的部署流程是：将已有的项目代码打包，然后发布到 Tomcat 或者 WebLogic 等容器中运行。使用 Spring Boot 不用这么麻烦，因为 Spring Boot 内部有内置的 Web 容器，它提供了一个启动类，我们写完代码之后，直接运行这个启动类，就可以进行自动的部署运行了，这在微服务架构中将会起到很大的作用。

3. 使监控变简单

Spring Boot 提供了运行时的应用监控和管理功能。我们可以通过 HTTP、JMX、SSH 协议来进行操作。监控功能体现在 Spring Boot 可以实时地监控程序运行时加载的应用配置、环境变量和自动化配置信息，也可以获取一些度量性的指标，如内存信息、线程池信息和 HTTP 请求统计信息等。管理功能则表现为 Spring Boot 提供了对应用的关闭等操作。对于实施微服务的中小团队来说，可以有效地减少监控系统在采集应用指标时的开发量。

任务 2 掌握 Spring Boot 项目环境搭建的步骤

4.2.1 环境要求

JDK1.7 及以上版本，Maven3.2 及以上版本，IDEA14 及以上版本。

4.2.2 环境搭建

第一步：打开 IDEA，选择 File，新建 Project 或者 Module，弹出如图 4.2 所示的窗口。

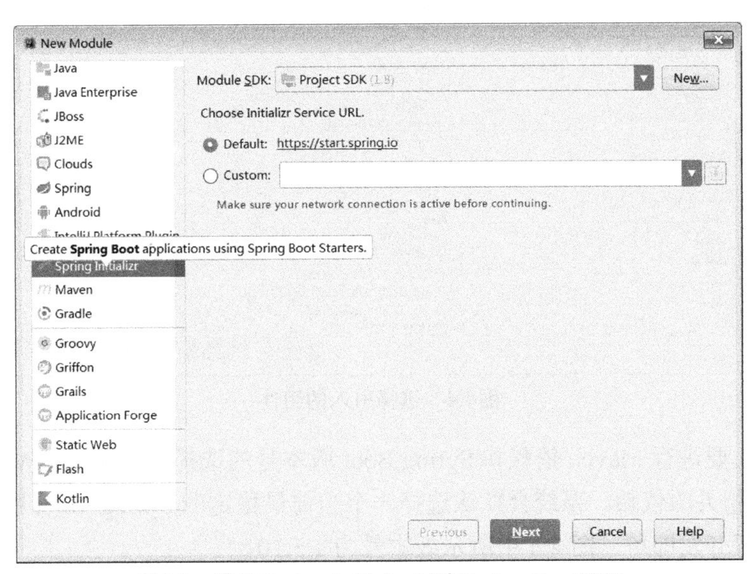

图4.2 选择Spring Initializr创建Spring Boot项目

这里 JDK 版本默认选择 1.8，如果没有安装 JDK1.8，只要是 1.7 及以上的版本都可以。

第二步：点击“Next”，弹出如图 4.3 所示的窗口。

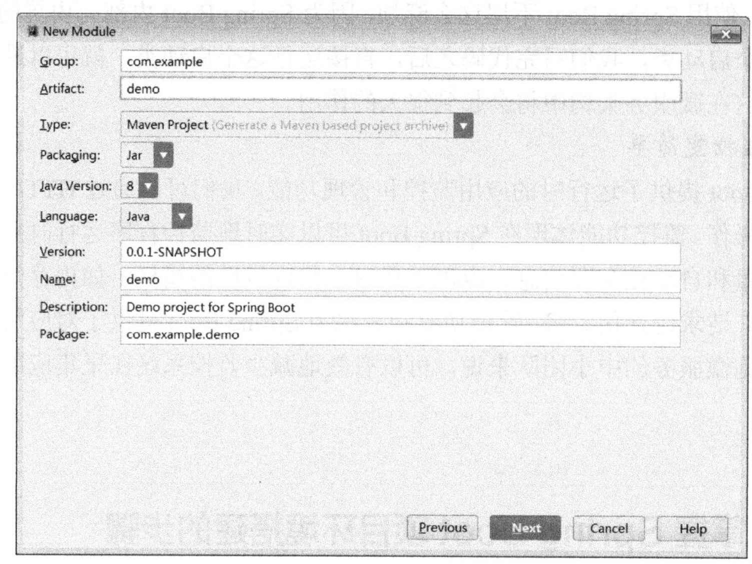

图4.3　设置Maven坐标

在此窗口中设置 Maven 坐标、项目名称和版本号等信息。

第三步：继续点击“Next”，打开如图 4.4 所示的窗口。

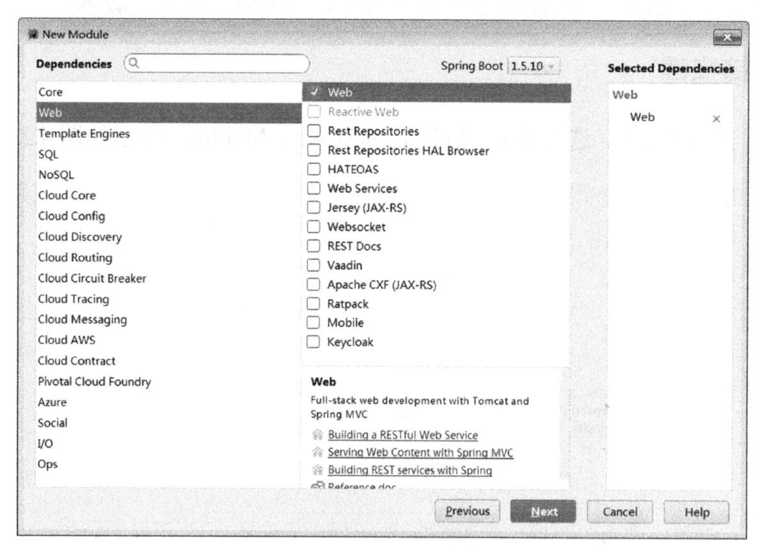

图4.4　选择引入的组件

这一步主要进行 Maven 依赖和 Spring Boot 版本号的选择，依赖选择 Web，即 Spring 与 Web 开发相关的依赖。系统会默认选择一个当前最稳定的 Spring Boot 版本，我们使用此版本进行开发即可。图 4.4 中所示版本号为 1.5.10。

第四步：继续点击“Next”，打开如图 4.5 所示的窗口。

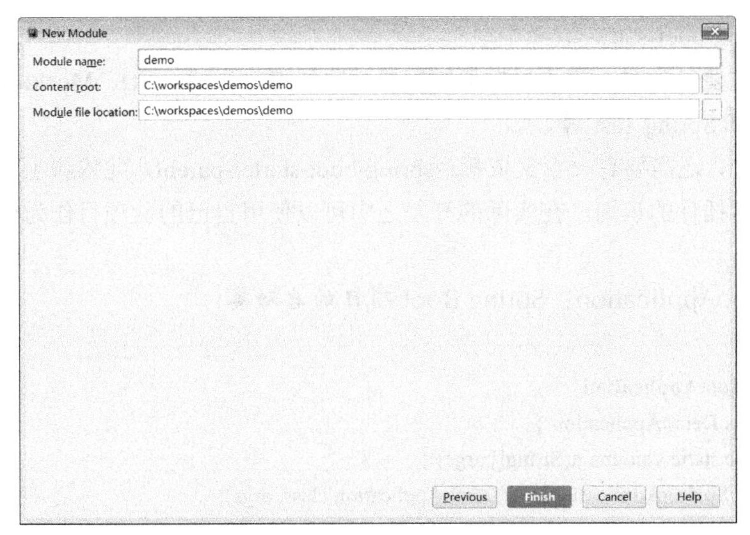

图4.5　设置项目名称和存放位置

这一步主要进行项目名称和存放位置的设置，设置完成之后点击“Finish”，即可完成项目的创建。

4.2.3　核心组件

图 4.6 所示即为 Spring Boot 创建完成之后的项目结构。

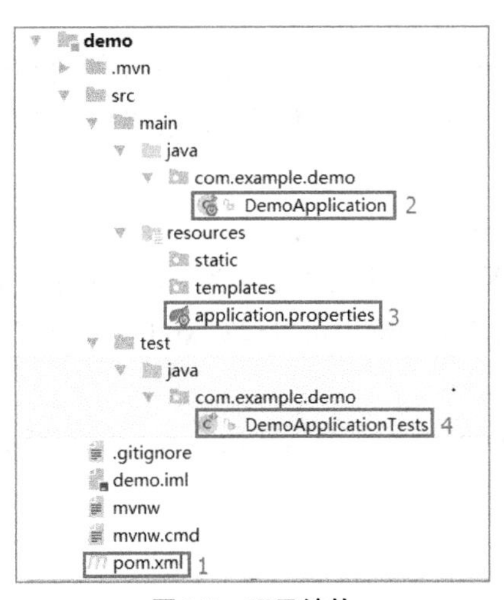

图4.6　项目结构

此图中大家需要关注四个地方，即图中方框框起来的内容。

1．pom.xml：项目依赖

Spring Boot 框架需要的依赖主要有两个：

（1）spring-boot-starter-web

此依赖包含的内容有：Spring 的核心组件、Spring MVC、内置 Web 容器以及其他与 Web 开发相关的组件。

（2）spring-boot-starter-test

此依赖主要包含对一些测试框架的集成，比如 JUnit、AssertJ、Mockito、Hamcrest、JSONAssert 和 Spring Test 等。

除此之外，还需要有一个父依赖：spring-boot-starter-parent，此依赖主要包含对资源的过滤以及对插件的识别。在实际的开发之中可以使用自己的父项目作为依赖来替代此依赖。

2. DemoApplication：Spring Boot 项目的启动类

示例 1

```
@SpringBootApplication
public class DemoApplication {
    public static void main(String[] args) {
        SpringApplication.run(DemoApplication.class, args);
    }
}
```

如上述代码所示，启动类非常简单，主要包含一个@SpringBootApplication 注解和一个 Spring Boot 的核心类 SpringApplication。

其中@SpringBootApplication 是一个组合注解，它主要组合了三个注解：

① @SpringBootConfiguration：此注解标注的类可以作为 Spring Boot 的配置类，相当于 Spring 的 xml 配置文件。此处使用类进行项目配置的形式是 Spring4.0 之后提出的一种新的配置方式，即 Java 配置的方式。

② @EnableAutoConfiguration：启动 Spring Boot 的自动配置。

③ @ComponentScan：扫描与启动类同包或者级别较低的包中的类中的注解，并使其生效。

3. application.properties

Spring Boot 项目的配置文件，也可以是名为 application.yml 的文件。Spring Boot 所有的配置都可以在此文件中展开，当然也可以编写 xml 文件进行配置，Spring Boot 将可以读取 xml 文件中的配置。

举例：在 application.properties 中编写代码 server.port=8888，可以设置项目启动的端口号为 8888，如图 4.7 所示。

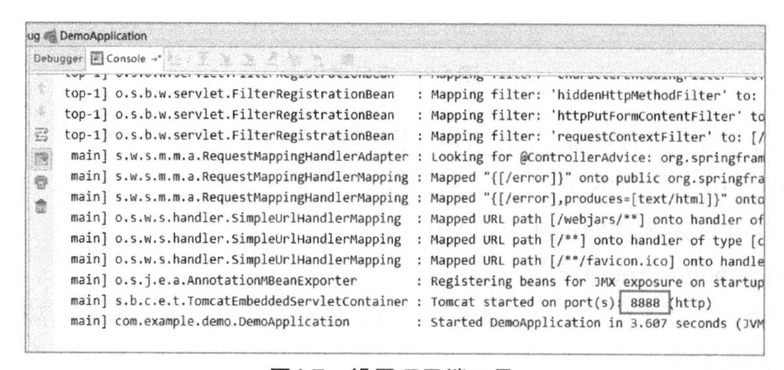

图4.7 设置项目端口号

4. DemoApplicationTests

Spring Boot 项目默认生成的测试类，可以使用 Spring Boot 集成的测试框架进行功能测试。

注意

启动类 DemoApplication 必须与其他类在同一目录，或者目录级别高于其他类，否则系统在启动时会提示找不到启动类。

任务 3　整合 MyBatis 和 Redis

4.3.1　整合 MyBatis

1. **整合步骤**

第一步：按照 4.2.2 节中的内容创建 Spring Boot 项目，项目创建完成之后打开 pom.xml，添加如下代码。

整合MyBatis框架搭建

```
<dependency>
    <groupId>org.mybatis.spring.boot</groupId>
    <artifactId>mybatis-spring-boot-starter</artifactId>
    <version>1.3.1</version>
</dependency>
<dependency>
    <groupId>mysql</groupId>
    <artifactId>mysql-connector-java</artifactId>
</dependency>
```

上述代码中，mybatis-spring-boot-starter 是与 MyBatis 相关的依赖，mysql-connector-java 是对 MySQL 进行持久化操作的相关依赖。

项目创建完成之后的结构如图 4.8 所示。

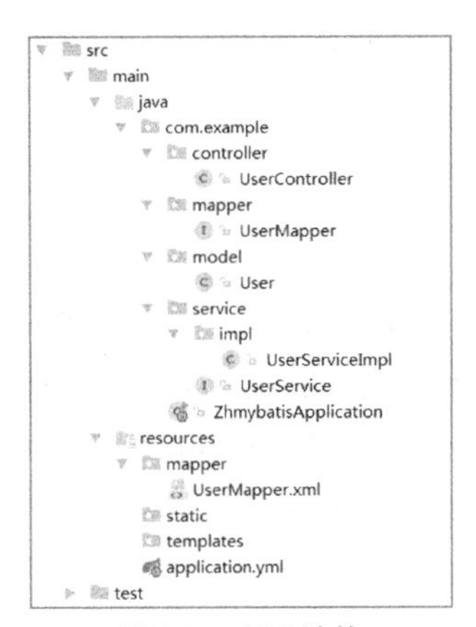

图4.8　项目结构

其中，User.java 为持久化类，为了方便演示，这里只设置了两个属性 id 和 userName，这两个属性与数据库的用户表的字段相对应，并提供 getter 和 setter 方法。

示例 2

UserMapper.java 中的代码如下所示：

```
public interface UserMapper {
    public String getUserName(@Param("id") Long id);
}
```

UserService 中的代码如下所示：

```
public interface UserService {
    public String getUserName(Long id);
}
```

UserServiceImpl 中的代码如下所示：

```
@Service
public class UserServiceImpl    implements UserService {

    @Resource
    private UserMapper userMapper;

    @Override
    public User getUserName(Long id) {
        return userMapper.getUserName(id);
    }
}
```

UserController 中的代码如下所示：

```
@Controller
public class UserController {
    @Resource
    private UserService userService;
    @RequestMapping("/getUserName")
    @ResponseBody
    public String getUserName(@RequestParam String id){
        return userService.getUserName(Long.parseLong(id));
    }
}
```

注意

由于 Maven 默认情况下在构建项目时，不会将 Sources Root（即 Java 类所在目录）目录中的 resources 文件（比如 mapper 映射文件）一起打包，建议将 mapper 映射文件统一放在 resources 资源目录下，或者在 pom 文件中添加如下配置，让 Maven 能够去指定的目录中找到 mapper 映射文件并进行打包。

示例 3

```
<build>
    <resources>
        <resource>
            <directory>src/main/java</directory>
            <includes>
                <include>**/*.xml</include>
            </includes>
        </resource>
        <resource>
            <directory>src/main/resources</directory>
            <filtering>true</filtering>
        </resource>
    </resources>
</build>
```

第二步：在 application.properties（或 application.yml）文件中配置数据源，此处为 application.yml 文件。

```
spring:
  datasource:
    driver-class-name: com.mysql.jdbc.Driver
    url: jdbc:mysql://localhost:3306/test?useUnicode=true&characterEncoding=utf-8
    username: root
    password: root
```

第三步：继续配置 application.properties（或 application.yml），配置 mapper 映射文件的位置。

```
mybatis:
  mapper-locations: classpath:mapper/**.xml
```

第四步：配置 mapper 接口的位置。这里介绍两种方式，第一种是使用@MapperScan 注解标注 mapper 接口类所在的 package，关键代码如示例 4 所示。

示例 4

```
@SpringBootApplication
@MapperScan("com.example.mapper")
public class ZhmybatisApplication {
    public static void main(String[] args) {
        SpringApplication.run(ZhmybatisApplication.class, args);
    }
}
```

第二种是在 mapper 接口上使用@Mapper 注解标注，关键代码如示例 5 所示。

示例 5

```
@Mapper
public interface UserMapper {
    public String getUserName(@Param("id") Long id);
}
```

第五步：编写 mapper 中的 SQL 映射语句，启动项目测试。项目启动成功之后在浏览器中输入 http://localhost:8080/getUserName?id=1 进行访问，页面中展示从数据库中查询出来的 userName，表示整合成功，如图 4.9 所示。

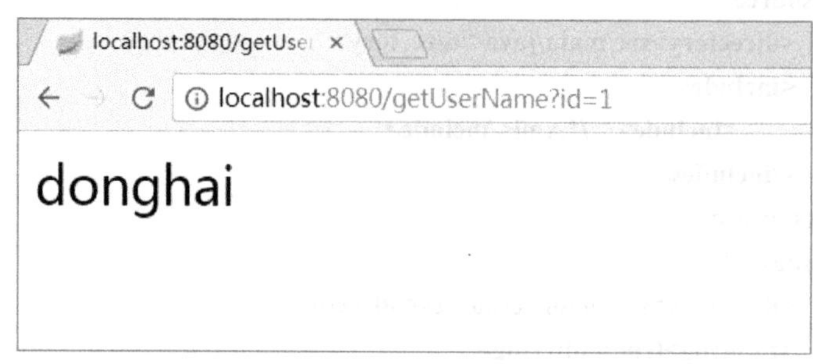

图4.9 测试

2. **添加事务**

添加事务的步骤很简单，只需要两步。

第一步：在启动类中添加@EnableTransactionManagement 注解。

第二步：在需要添加事务的方法上面添加@Transactional 注解。

4.3.2 整合 Redis

第一步：按照 4.2.2 节中的内容创建 Spring Boot 项目，项目创建完成之后打开 pom.xml，添加如下依赖。

```
<dependency>
    <groupId>org.springframework.boot</groupId>
    <artifactId>spring-boot-starter-redis</artifactId>
    <version>1.4.5.RELEASE</version>
</dependency>
```

第二步：配置与 Redis 服务器的连接。由于 Spring Boot 整合 Redis 之后内部已经集成了与 Redis 相关的自动配置，所以这里只需要在 application.properties 中配置与 Redis 连接的一些参数即可，详细配置如下：

```
#Redis 数据库索引（默认为 0）
spring.redis.database=0
#Redis 服务器地址
spring.redis.host=192.168.57.128
#Redis 服务器连接端口
spring.redis.port=6379
#Redis 服务器连接密码（默认为空）
spring.redis.user=root
spring.redis.password=123456
```

第三步：有了第二步中的连接之后，还需要创建 RedisTemplate 的 Bean 组件。

RedisTemplate 是一个模板类，它提供了很多快速使用 Redis 的 API，不需要自己来维护连接和事务。

具体的实现方法是创建一个 RedisConfig 类来管理 RedisTemplate 的 Bean 组件，关键代码如示例 6 所示。

示例 6

```
@Configuration
public class RedisConfig {
    /**
     * 提供 RedisTemplate 的 bean 实例
     * @param factory
     * @return
     */
    @Bean
    public RedisTemplate<String, Object> redisTemplate(RedisConnectionFactory factory){
        RedisTemplate<String, Object> redisTemplate = new RedisTemplate<String,
        Object>();
        redisTemplate.setConnectionFactory(factory);
        return redisTemplate;
    }
}
```

第四步：创建 RedisUtil 工具类，调用 RedisTemplate 操作 Redis 服务端进行数据的存取，关键代码如示例 7 所示。

示例 7

```
@Component
public class RedisUtil {
    @Resource
    private RedisTemplate<String, Object> redisTemplate;

    /**
     * 往 redis 中缓存数据
     * @param key
     * @param object
     * @return
     */
    public boolean set(String key, Object object){
        ValueOperations<String, Object> vo = redisTemplate.opsForValue();
        vo.set(key, object);
        return true;
    }

    /**
     * 根据 key 从 Redis 服务器中获取 value 值
     * @param key
     * @return
     */
```

```
    public Object get(String key){
        ValueOperations<String, Object> vo = redisTemplate.opsForValue();
        return vo.get(key);
    }
}
```

第五步：测试。编写控制器类进行测试，关键代码如示例 8 所示。

示例 8

```
@Controller
public class TestController {
    @Resource
    private RedisUtil redisUtil;
    @RequestMapping("/test")
    @ResponseBody
    public String getRedisValue(){
        redisUtil.set("tests1","123");
        return redisUtil.get("tests1").toString();
    }
}
```

启动项目，请求 getRedisValue()方法，如果能获取到 key 为“tests1”的值为 123，则证明整合成功。

任务 4 自定义 Spring Boot 的自动配置

本任务通过一个案例来实现自定义的 Spring Boot 自动配置，最终的实现效果：当我们在项目中引入了此自定义的自动配置之后，只需要在 application.yml 中配置一个参数 helloMsg，就可以实现输出“hello 某某”的功能。详细步骤如下：

第一步：创建一个 Maven 项目 autoconfigdemo，此项目将作为自动配置项目被其他项目使用，项目的打包方式为 jar。具体代码如下：

```
<groupId>com.example</groupId>
<artifactId>autoconfigdemo</artifactId>
<version>1.0-SNAPSHOT</version>
<packaging>jar</packaging>
```

第二步：添加与自动配置相关的依赖。

```
<dependency>
        <groupId>org.springframework.boot</groupId>
        <artifactId>spring-boot-autoconfigure</artifactId>
        <version>1.5.9.RELEASE</version>
  </dependency>
```

第三步：编写三个关键类。

（1）属性读取类：专门用于属性的读取，其关键代码如示例 9 所示。

示例 9

```
@ConfigurationProperties(prefix = "hello")
public class SayHelloProperties {
    private String helloMsg = "spring boot";

    public String getHelloMsg() {
        return helloMsg;
    }

    public void setHelloMsg(String helloMsg) {
        this.helloMsg = helloMsg;
    }
}
```

如上述代码所示，SayHelloProperties 类作为属性读取类，它的属性为 helloMsg，默认值为“spring boot”；@ConfigurationProperties 注解的作用是：当某个 Spring Boot 项目引用了此 Maven 项目，并且此 Spring Boot 项目的 application.properties 文件中有 hello.helloMsg 的配置时，helloMsg 的值将以此配置的值作为最终值。

（2）核心事件类，关键代码如示例 10 所示。

示例 10

```
public class SayHello {
    private String helloMsg;
    public String sayHello(){
        return "hello" + helloMsg;
    }

    public String getHelloMsg() {
        return helloMsg;
    }

    public void setHelloMsg(String helloMsg) {
        this.helloMsg = helloMsg;
    }
}
```

如上述代码所示，SayHello 类作为核心事件类，主要进行核心事件的编写。这里的核心事件是 sayHello()方法，方法中用到的属性的值来自于属性读取类，即 SayHelloProperties。那么如何将属性读取类的属性 helloMsg 的值赋给 SayHello 呢？下面的步骤中将详细介绍。

（3）整合类，关键代码如示例 11 所示。

示例 11

```
@Configuration
@EnableConfigurationProperties({SayHelloProperties.class})
@ConditionalOnClass({SayHello.class})
```

```
@ConditionalOnProperty(prefix = "hello", value = "enabled", matchIfMissing = true)
public class SayHelloAutoConfigration {
    @Resource
    private SayHelloProperties sayHelloProperties;
    @Bean
    @ConditionalOnMissingBean({SayHello.class})
    public SayHello sayHello(){
        SayHello sayHello = new SayHello();
        sayHello.setHelloMsg(sayHelloProperties.getHelloMsg());
        return sayHello;
    }
}
```

SayHelloAutoConfiguration 类作为整合类，主要工作是将属性读取类和核心事件类进行整合。整合的关键点有：

① 添加@Configuration 注解，使此类作为一个配置类存在，作用等同于 Spring 的 applicationContext.xml 文件。

② 添加@EnableConfigurationProperties 注解，作用是将属性读取类 SayHelloProperties 整合到系统中。

③ 添加@ConditionalOnClass 条件判断注解，作用是判断核心事件类 SayHello 是否存在，如果存在则整合到系统中。

④ 添加@ConditionalOnProperty 条件判断注解，设置 application.properties 文件中配置的 hello.helloMsg 的值生效。

⑤ 添加@ConditionalOnMissingBean 条件判断注解，作用是判断当前 Spring IoC 容器中是否存在 SayHello 的 bean 实例。如果不存在则进行创建，并为其属性赋值，即属性读取类中的 helloMsg 的值（这里就实现了将属性读取类中的值赋值给 SayHello 核心事件类）。

（4）在项目资源目录 resources 中创建 spring.factories 文件，如图 4.10 所示。

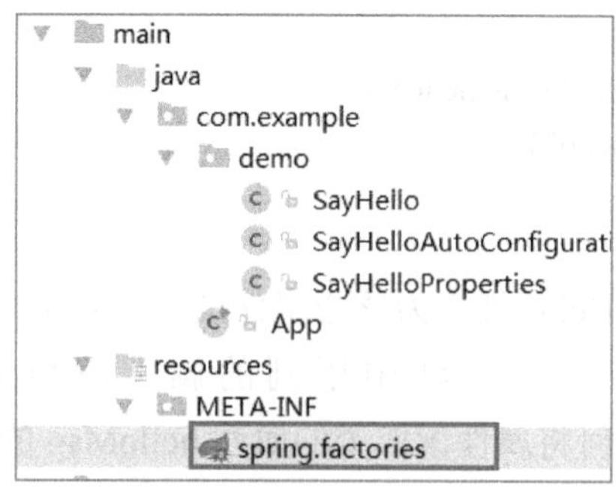

图4.10 spring.factories

在 spring.factories 文件中添加如下代码：

```
org.springframework.boot.autoconfigure.EnableAutoConfiguration=\
com.example.demo.SayHelloAutoConfiguration
```

添加这段代码的作用是让依赖此自动配置项目的项目能够识别上述的自动配置类，

并进行自动配置。

第四步：创建 Spring Boot 项目 testAutoConfig，并引入上述步骤中创建的 Maven 项目 autoconfigdemo 作为依赖（需要将 autoconfigdemo 项目打成 jar 包并导入 Maven 本地仓库中），在 testAutoConfig 中创建一个 Controller 类。

示例 12

```
@Controller
public class HelloController {
    @Autowired
    private SayHello sayHello;
    @RequestMapping("/sayHello")
    @ResponseBody
    public String sayHello(){
        return sayHello.sayHello();
    }
}
```

再在 application.properties 中添加配置：hello.helloMsg=donghai。

最后启动 testAutoConfig 项目，在浏览器中访问，得到如图 4.11 所示的结果，证明自动配置生效。

图4.11 测试界面

本章总结

本章学习了以下知识点：

- Spring Boot 遵循“约定优于配置”的原则，可以快速搭建 Spring 框架。
- Spring Boot 可以快速整合 MyBatis 并添加事务支持。
- Spring Boot 可以快速整合 Redis。
- 使用 Spring Boot 自定义一个属于自己的自动配置。

本章练习

1. 根据自己的理解，简述 Spring Boot 有哪些作用。

2. 结合 Spring 整合 MyBatis 的过程，分析 Spring Boot 在整合 MyBatis 时进行了哪些改进。

3. 简述如何搭建 Spring Boot 项目，Spring Boot 的核心组件有哪些。

第 5 章

使用 Dubbox+Spring Boot 搭建微服务架构

技能目标

- ❖ 了解 Dubbox 的概念和依赖环境
- ❖ 掌握 Dubbox 的运行原理
- ❖ 掌握 Dubbox 的搭建步骤
- ❖ 使用 Dubbox 实现提供者和消费者
- ❖ 了解“双 11”抢购项目的微服务架构

本章任务

学习本章内容，需要完成以下五个工作任务。记录学习过程中遇到的问题，可以通过自己的努力或访问 kgc.cn 解决。

任务 1：了解 Dubbox 的概念和运行环境

任务 2：掌握 Dubbox 的运行原理

任务 3：掌握 Dubbox 的搭建步骤

任务 4：使用 Dubbox 实现提供者和消费者

任务 5：搭建“双 11”抢购项目微服务架构

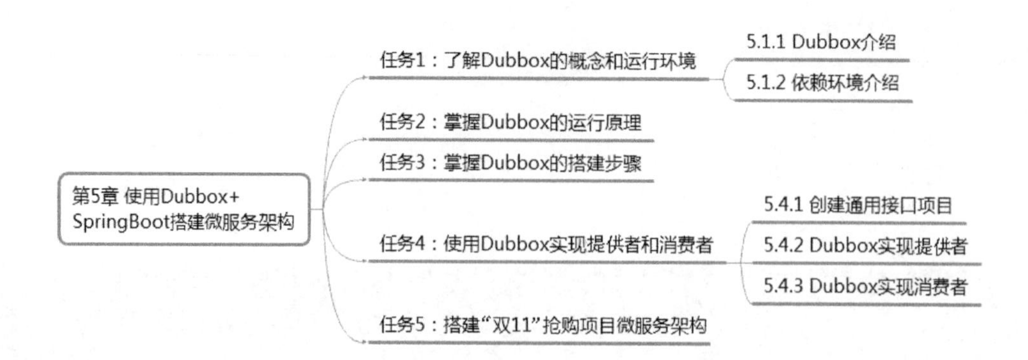

任务 1 了解 Dubbox 的概念和运行环境

5.1.1 Dubbox 介绍

Dubbo 是阿里巴巴公司开发的一个高性能优秀的开源服务框架，使应用可以通过高性能的 RPC 实现服务的输出和输入功能，可以和 Spring 框架无缝集成。Dubbo 团队解散后，当当网对 Dubbo 框架进行了升级，升级后的版本为 Dubbox。“双 11”抢购项目开发选择的微服务框架即为 Dubbox。Dubbox 对 Dubbo 框架的升级主要体现在以下几个方面：

- 升级 Spring2.x 到 Spring3.x
- 增加 RESTful 风格的接口调用方式
- 丰富了序列化的方式

5.1.2 依赖环境介绍

1. JDK 环境

Dubbo 和其依赖的 ZooKeeper 组件均使用 Java 语言进行开发，因此需要 JDK 环境。在安装 Dubbo/Dubbox 框架前需要确保本机已安装 JDK 环境。

2. Web 容器环境

目前 Dubbo/Dubbox 的线上提供包为 war 包，因此需要使用 Web 容器进行启动。“双 11”抢购项目采用 Tomcat 进行 Dubbox 应用程序的部署。

3. ZooKeeper 环境

在 Dubbox 中使用 ZooKeeper 作为其服务的注册和调度中心。ZooKeeper 是 Apache 开发的开放源码的分布式应用程序协调服务，它主要用来协调在 Dubbox 中提供的服务。ZooKeeper 的运行原理如图 5.1 所示。

4. Maven 环境

当当网提供的 Dubbox 项目源码均为 Maven 项目，所以开发者本机必须具有 Maven 环境方能编译 Dubbox 的源码。

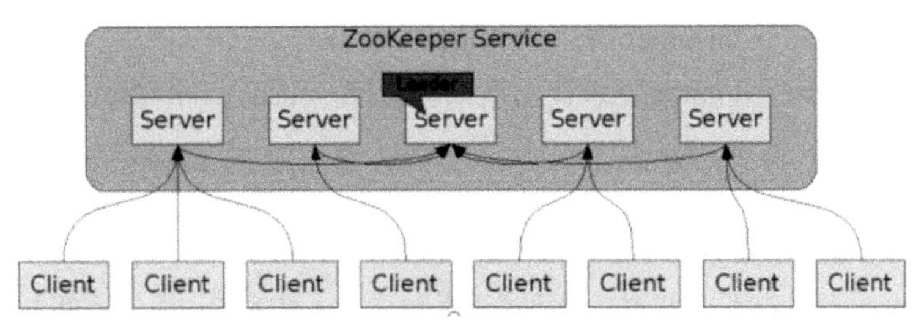

图5.1　ZooKeeper工作原理图

任务 2　掌握 Dubbox 的运行原理

Dubbox 在实际工作中的运行原理如图 5.2 所示。

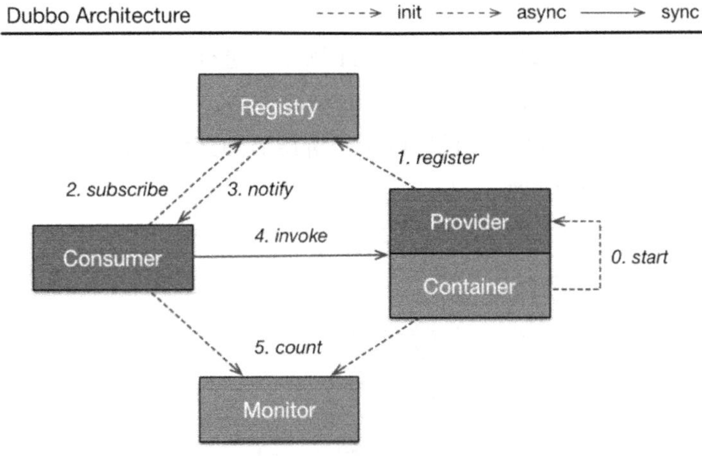

图5.2　Dubbox运行原理

1. 名词解释

- Provider：提供服务的服务提供方。
- Consumer：调用远程服务的服务消费方。
- Registry：提供注册与调用服务的注册中心。
- Monitor：统计服务的调用次数和调用时间的监控中心。
- Container：服务运行容器。

2. 运行原理

Dubbox 的运行原理分为六步。

① 图中第 0 步：初始化服务，即启动服务程序。

② 图中第 1 步：启动服务后，服务通过 Dubbox 配置自动向 Registry（注册中心一般使用 ZooKeeper）进行注册。

③ 图中第 2 步：Consumer 启动并向注册中心订阅相应服务。

④ 图中第 3 步：Registry 将服务地址异步告知 Consumer。

⑤ 图中第 4 步：Consumer 调用 Provider 执行操作。

⑥ 图中第 5 步：Monitor 记录调用次数，监控 Consumer 和 Provider 状态。

注意

使用 Monitor 服务需要启动相关服务程序。相关服务程序由下载的 dubbox-master 下的 dubbo-monitor 模块提供，需要编译成相应 war 包运行。详细使用方式请自行查阅资料。

任务 3 掌握 Dubbox 的搭建步骤

1. 安装 ZooKeeper（Linux 系统下）

（1）下载 ZooKeeper 软件。

选择相应的 ZooKeeper 版本（推荐 3.4.11 版本）进行下载。

（2）将 zookeeper-3.4.11.tar.gz 上传至 Linux 服务器。

（3）使用以下命令对下载文件进行解压。解压后的文件夹如图 5.3 所示。

```
tar -zxvf zookeeper-3.4.11.tar.gz
```

```
[root@2fd8f9126cae zookeeper-3.4.11]# ll
total 1616
drwxr-xr-x  2 502 games    4096 Nov  1 18:52 bin
-rw-r--r--  1 502 games   87943 Nov  1 18:47 build.xml
drwxr-xr-x  1 502 games    4096 Dec 20 05:30 conf
drwxr-xr-x 10 502 games    4096 Nov  1 18:47 contrib
drwxr-xr-x  2 502 games    4096 Nov  1 18:54 dist-maven
drwxr-xr-x  6 502 games    4096 Nov  1 18:52 docs
-rw-r--r--  1 502 games    1709 Nov  1 18:47 ivysettings.xml
-rw-r--r--  1 502 games    8197 Nov  1 18:47 ivy.xml
drwxr-xr-x  4 502 games    4096 Nov  1 18:52 lib
-rw-r--r--  1 502 games   11938 Nov  1 18:47 LICENSE.txt
-rw-r--r--  1 502 games    3132 Nov  1 18:47 NOTICE.txt
-rw-r--r--  1 502 games    1585 Nov  1 18:47 README.md
-rw-r--r--  1 502 games    1770 Nov  1 18:47 README_packaging.txt
drwxr-xr-x  5 502 games    4096 Nov  1 18:47 recipes
drwxr-xr-x  8 502 games    4096 Nov  1 18:52 src
-rw-r--r--  1 502 games 1478279 Nov  1 18:49 zookeeper-3.4.11.jar
-rw-r--r--  1 502 games     195 Nov  1 18:52 zookeeper-3.4.11.jar.asc
-rw-r--r--  1 502 games      33 Nov  1 18:49 zookeeper-3.4.11.jar.md5
-rw-r--r--  1 502 games      41 Nov  1 18:49 zookeeper-3.4.11.jar.sha1
[root@2fd8f9126cae zookeeper-3.4.11]#
```

图5.3　ZooKeeper文件目录

（4）打开解压后的文件夹，进入 conf 目录，将 zoo_sample.cfg 更名为 zoo.cfg。修改后的目录如图 5.4 所示。

```
[root@2fd8f9126cae conf]# ll
total 20
-rw-r--r-- 1  502 games  535 Nov  1 18:47 configuration.xsl
-rw-r--r-- 1  502 games 2161 Nov  1 18:47 log4j.properties
-rw-r--r-- 1 root root  4211 Dec 20 05:15 zoo.cfg
-rw-r--r-- 1  502 games  922 Nov  1 18:47 zoo_sample.cfg
[root@2fd8f9126cae conf]#
```

图5.4　ZooKeeper配置文件更名

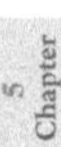

（5）返回 bin 目录，并启动 ZooKeeper。成功启动后，提示如图 5.5 所示。

./zkServer.sh start

```
[root@2fd8f9126cae bin]# ./zkServer.sh start
ZooKeeper JMX enabled by default
Using config: /usr/local/zookeeper-3.4.11/bin/../conf/zoo.cfg
Starting zookeeper ... STARTED
[root@2fd8f9126cae bin]#
```

图5.5　ZooKeeper启动

2. **安装** Dubbox

（1）下载 Dobbox 源码。当当网已将 Dubbox 的源码发布到了 GitHub 上，开发者可以从 GitHub 上进行源码的下载，如图 5.6 所示。

环境搭建补充

（2）编译项目。下载 Dubbox 源码后，打开下载文件夹并解压。使用命令提示符进入该目录，如图 5.7 所示。执行以下 Maven 命令，如出现如图 5.8 所示结果，则编译成功。

mvn install -Dmaven.test.skip=true

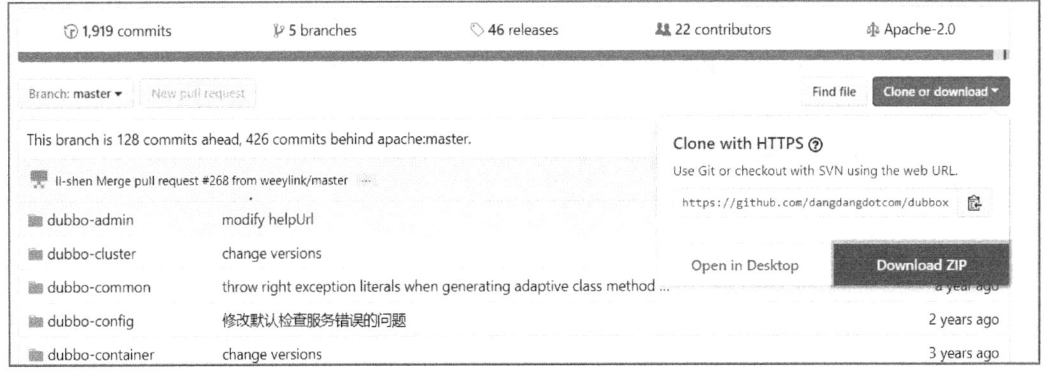

图5.6　下载 Dubbox源码图

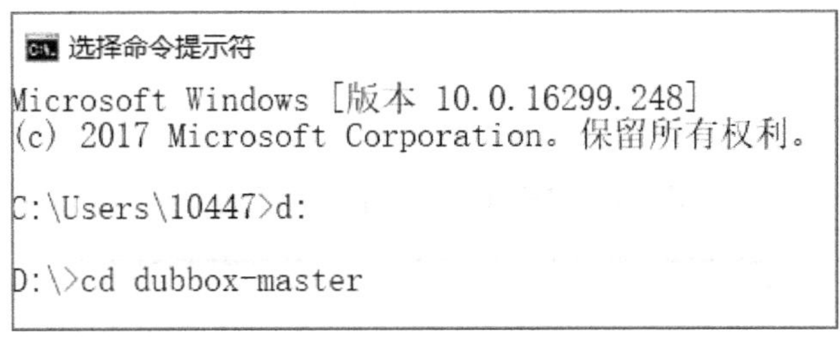

图5.7　进入源码目录

（3）部署 Dubbox 应用程序。打开图 5.9 所示文件夹，找到 Dubbox 的 war 包，无需解压，直接利用解压软件打开 war 包，修改 dubbo.properties 配置文件，指向 ZooKeeper 地址，如图 5.10 和图 5.11 所示。

```
[INFO] ------------------------------------------------------------------------
[INFO] Reactor Summary:
[INFO]
[INFO] dubbo-parent ....................................... SUCCESS [  3.113 s]
[INFO] Hessian Lite(Alibaba embed version) ................ SUCCESS [  4.447 s]
[INFO] dubbo-common ....................................... SUCCESS [  0.865 s]
[INFO] dubbo-container .................................... SUCCESS [  0.031 s]
[INFO] dubbo-container-api ................................ SUCCESS [  0.232 s]
[INFO] dubbo-container-spring ............................. SUCCESS [  0.256 s]
[INFO] dubbo-admin ........................................ SUCCESS [ 15.376 s]
[INFO] dubbo-demo ......................................... SUCCESS [  0.030 s]
[INFO] dubbo-test ......................................... SUCCESS [  0.046 s]
[INFO] dubbo-test-benchmark ............................... SUCCESS [  4.124 s]
[INFO] dubbo-test-compatibility ........................... SUCCESS [  0.101 s]
[INFO] dubbo-test-integration ............................. SUCCESS [  0.107 s]
[INFO] dubbo-test-examples ................................ SUCCESS [  0.509 s]
[INFO] ------------------------------------------------------------------------
[INFO] BUILD SUCCESS
[INFO] ------------------------------------------------------------------------
[INFO] Total time: 01:42 min
[INFO] Finished at: 2018-04-20T09:37:05+08:00
[INFO] Final Memory: 33M/92M
[INFO] ------------------------------------------------------------------------

D:\dubbox-master>
```

图5.8　编译项目

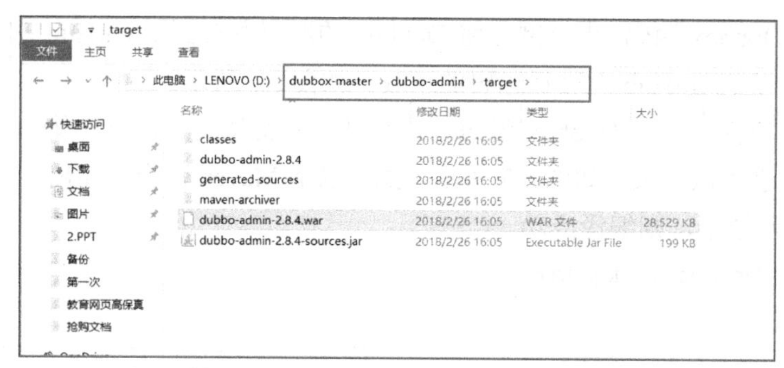

图5.9　dubbo-admin-2.8.4.war包位置

dubbo-admin-2.8.4.war (评估版本)

dubbo-admin-2.8.4.war\WEB-INF - ZIP 压缩文件, 解包大小为 33,535,341 字节

名称	大小	压缩后大小	类型	修改时间	CRC32
..			本地磁盘		
classes			文件夹	2018/2/26 16:...	
common			文件夹	2018/2/26 16:...	
forms			文件夹	2018/2/26 16:...	
i18n			文件夹	2018/2/26 16:...	
lib			文件夹	2018/2/26 16:...	
templates			文件夹	2018/2/26 16:...	
dubbo.properties	113	83	PROPERTIES 文件	2017/3/17 11:...	0A2034EB
log4j.xml	1,048	421	XML 文档	2017/3/17 11:...	68FBA776
web.xml	2,948	1,110	XML 文档	2017/3/17 11:...	240DDA...
webx.xml	5,943	1,576	XML 文档	2017/3/17 11:...	4F6676B0
webx-governance.xml	2,449	789	XML 文档	2017/3/17 11:...	60469D56
webx-home.xml	1,734	590	XML 文档	2017/3/17 11:...	5D327F6B
webx-personal.xml	1,742	593	XML 文档	2017/3/17 11:...	D053D1...
webx-sysinfo.xml	1,740	592	XML 文档	2017/3/17 11:...	FFDA710B
webx-sysmanage.xml	1,744	595	XML 文档	2017/3/17 11:...	3160A8...

图5.10　打开dubbo.properties配置文件

```
dubbo.registry.address=zookeeper://192.168.10.5:2181
#dubbo.registry.username=root
#dubbo.registry.password=root
dubbo.registry.protocol=zookeeper
dubbo.admin.root.password=root
dubbo.admin.guest.password=guest
~
```

图5.11　修改dubbo.properties配置文件

（4）将 war 包放入 webapp 目录下，启动 Tomcat 并测试。启动后访问 Tomcat 端口，如果出现图 5.12 所示界面，说明部署成功。

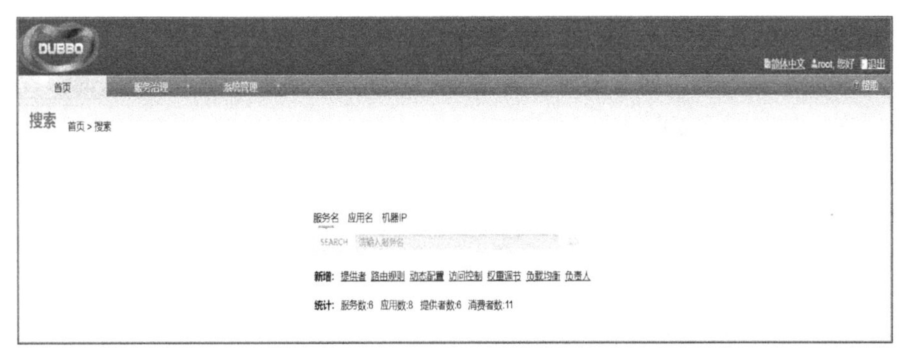

图5.12　dubbox运行界面

注意

访问 tomcat/项目名/端口，此时提示需要输入用户名和密码，和上一步配置文件中的一致即可。

任务 4　使用 Dubbox 实现提供者和消费者

需求：我们将“双 11”抢购项目拆分成用户项目、商品项目等。现商品项目在执行一系列操作的时候需要验证当前用户是否已经登录，故需要调用用户项目的接口进行相应验证。

本任务我们将基于 Dubbox，采用微服务架构实现上述业务逻辑。

5.4.1　创建通用接口项目

创建 Maven 项目 ms-common，在项目中创建用户模块接口，用以验证用户是否登录，如图 5.13 所示。关键代码如示例 1 所示。

图5.13　微服务通用项目

示例 1

```
package com.kgc.service;
/****
 * 用户模块远程调用接口
 */
public interface RpcUserService {
/***
 * 检测用户是否已经登录
 * @param username
 * @return
 */
 public boolean checkUserLogin(String userName);
}
```

发布该项目到私服库（私服是一个特殊的远程仓库，它是架设在局域网内的仓库服务。若对 Maven 私服概念仍不清楚，请查询 Maven 相关课程或文档），供提供者和消费者进行调用，私服配置如图 5.14 所示。

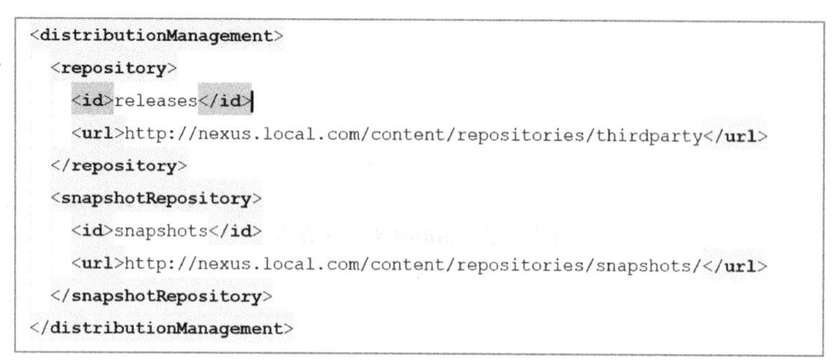

```
<distributionManagement>
  <repository>
    <id>releases</id>
    <url>http://nexus.local.com/content/repositories/thirdparty</url>
  </repository>
  <snapshotRepository>
    <id>snapshots</id>
    <url>http://nexus.local.com/content/repositories/snapshots/</url>
  </snapshotRepository>
</distributionManagement>
```

图5.14　Maven私服配置

Maven 项目 ms-common 的 deploy 如图 5.15 所示。

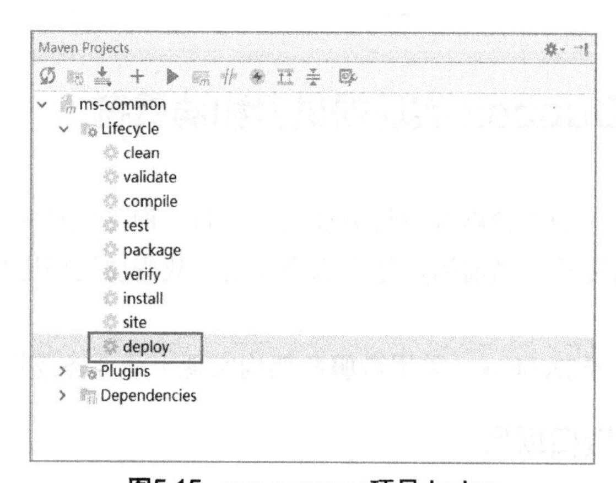

图5.15　ms-common项目deploy

5.4.2　Dubbox 实现提供者

（1）新建 Spring Boot 项目，命名为 ms-provider，并在 Maven 依赖中增加以下依赖。

```
<dependency>
    <groupId>com.alibaba</groupId>
    <artifactId>dubbo</artifactId>
    <version>2.8.4</version>
</dependency>
<dependency>
    <groupId>io.dubbo.springboot</groupId>
    <artifactId>spring-boot-starter-dubbo</artifactId>
    <version>1.0.0</version>
</dependency>
<dependency>
    <groupId>com.kgc</groupId>
```

```
    <artifactId>ms-common</artifactId>
    <version>1.0-SNAPSHOT</version>
</dependency>
```

（2）修改 application.properties 配置文件，配置注册中心指向安装的 ZooKeeper 地址。

```
spring.dubbo.application.name=spring-boot-starter-dubbo-demo-provider
spring.dubbo.registry.address=zookeeper://192.168.9.150:2181
spring.dubbo.protocol.name=dubbo
spring.dubbo.protocol.port=20880
spring.dubbo.scan=com.kgc.service
```

spring.dubbo.scan 需要填写提供服务的类的包路径。

（3）创建要提供服务的实现类，实现服务接口，如图 5.16 所示，关键代码如示例 2 所示。

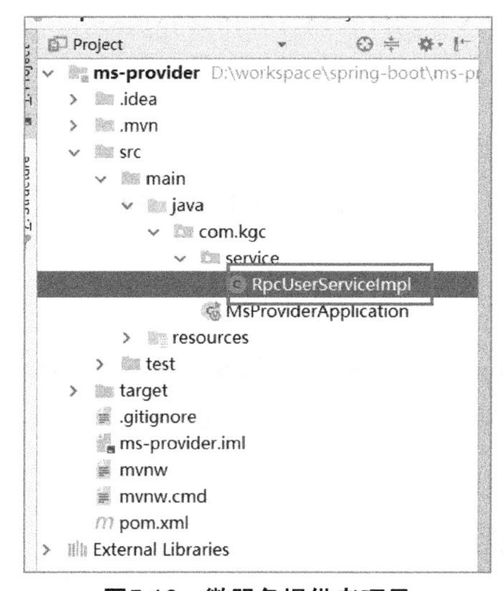

图5.16　微服务提供者项目

示例 2

```
package com.kgc.service;
import com.alibaba.dubbo.config.annotation.Service;
import org.springframework.stereotype.Component;

/***
 * 用户模块接口实现类
 */
@Component
@Service(interfaceClass = RpcUserService.class)
public class RpcUserServiceImpl implements RpcUserService{
    /***
     * 检测用户是否登录
     * @param s
     * @return
     */
```

```
        @Override
        public boolean checkUserLogin(String s) {
            if(s.equals("admin")) {
                return true;
            }
            return false;
        }
}
```

（4）引入 Dubbox 注解，如示例 2 中加粗的代码所示。

（5）启动生产者，查看注册结果，如图 5.17 所示。

图5.17　Dubbox管理中心查看服务

注意

如果是和 Dubbox 服务在同一个机器上运行，Spring Boot 启动时也会启动 Tomcat，可能会引起端口冲突，此时需要更改一个端口，以免启动不成功。

5.4.3　Dubbox 实现消费者

（1）新建 Spring Boot 项目，命名为 ms-consumer，如图 5.18 所示，并在 Maven 依赖中增加以下依赖。

```
<dependency>
    <groupId>com.alibaba</groupId>
    <artifactId>dubbo</artifactId>
    <version>2.8.4</version>
</dependency>
<dependency>
    <groupId>io.dubbo.springboot</groupId>
    <artifactId>spring-boot-starter-dubbo</artifactId>
    <version>1.0.0</version>
</dependency>
<dependency>
    <groupId>com.kgc</groupId>
    <artifactId>ms-common</artifactId>
    <version>1.0-SNAPSHOT</version>
</dependency>
```

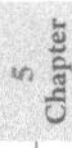

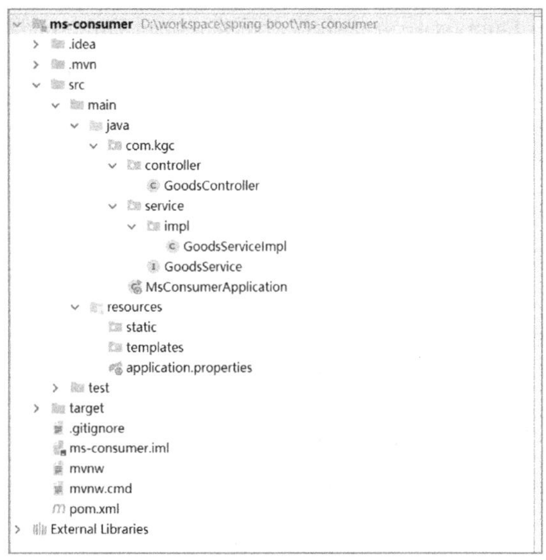

图5.18　微服务消费者项目

（2）修改 application.properties 配置文件，配置注册中心指向安装的 ZooKeeper 地址。

```
spring.dubbo.application.name=spring-boot-starter-dubbo-demo-consumer
spring.dubbo.registry.address=zookeeper://192.168.9.150:2181
spring.dubbo.protocol.name=dubbo
spring.dubbo.scan=com.kgc.service
```

spring.dubbo.scan 需要填写使用服务的类的包路径。

（3）创建要调用服务的实现类，实现服务接口，并引入 Dubbox 注解，关键代码如示例 3 所示。

示例 3

```
package com.kgc.service.impl;
import com.alibaba.dubbo.config.annotation.Reference;
import com.kgc.service.GoodsService;
import com.kgc.service.RpcUserService;
import org.springframework.stereotype.Component;

@Component
public class GoodsServiceImpl implements GoodsService{

    @Reference
    private RpcUserService rpcUserService;

    @Override
    public boolean qgGoods() {
        //1.检测用户是否登录
        return rpcUserService.checkUserLogin("admin");
    }
}
```

（4）启动程序查看 Dubbox 服务状态是否正常。访问 Dubbox 管理中心，点击消费者，如果可以查看到有相应的消费者记录，说明目前消费者连接成功，如图 5.19 所示。

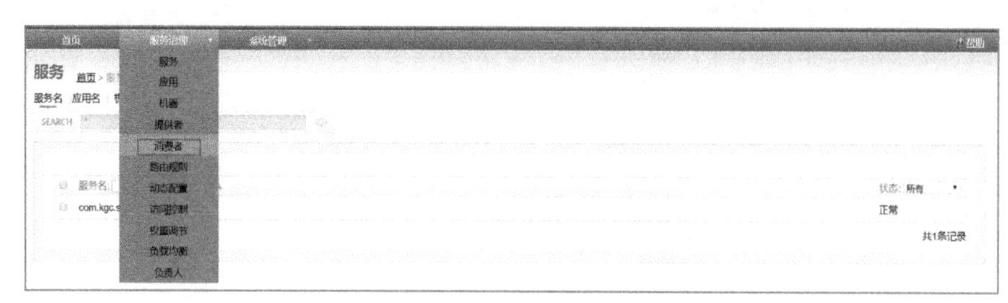

图5.19　查看消费者

（5）编写测试类 GoodsController，并调用 GoodsService 服务，进行代码测试。核心代码如示例 4 所示，测试结果如图 5.20 所示。

示例 4

```
package com.kgc.controller;
import com.kgc.service.GoodsService;
import org.springframework.beans.factory.annotation.Autowired;
import org.springframework.stereotype.Controller;
import org.springframework.web.bind.annotation.RequestMapping;
import org.springframework.web.bind.annotation.ResponseBody;

/***
 * 商品模块对应 controller
 */
@Controller
@RequestMapping("/goods")
public class GoodsController {

    @Autowired
    private GoodsService goodsService;

    @ResponseBody
    @RequestMapping("/qgGoods")
    public String qgGoods(){
        boolean flag=goodsService.qgGoods();
        return flag?"I GET IT!":"NO！！";
    }
}
```

图5.20　测试结果

任务 5　搭建“双 11”抢购项目微服务架构

按照上述原理的介绍，本任务采用 Dubbox+Spring Boot+MyBatis 技术进行“双 11”抢购项目微服务框架的搭建。在“双 11”抢购项目中，项目拆分及依赖结构如图 5.21 所示。

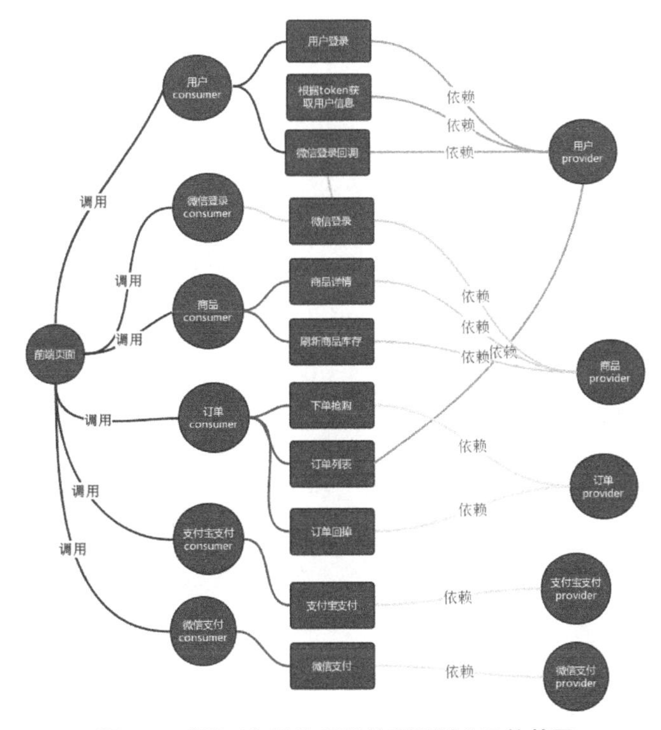

图5.21　“双11”抢购项目的项目拆分及依赖图

本章总结

本章学习了以下知识点：

- Dubbox 的定义及其运行依赖环境。
- Dubbox 的原理、Dubbox 的搭建步骤。
- 使用 Dubbox 实现提供者和消费者。
- “双 11”抢购项目的微服务架构设计。

本章练习

1. 简述 Dubbox 的运行原理。
2. 简述 Dubbox 实现提供者和消费者时需要引入哪些依赖，配置哪些信息。

第 6 章

基于 Redis+ActiveMQ 实现高并发访问

技能目标

- ❖ 了解分布式锁的概念
- ❖ 掌握使用 Redis 实现分布式锁
- ❖ 了解消息中间件的概念和作用
- ❖ 掌握 ActiveMQ 消息中间件的安装和配置
- ❖ 掌握使用 Spring Boot 整合 ActiveMQ
- ❖ 掌握消息队列在“双 11”抢购项目中的应用

本章任务

学习本章内容，需要完成以下四个工作任务。记录学习过程中遇到的问题，可以通过自己的努力或访问 kgc.cn 解决。

任务 1：初识分布式锁并使用 Redis 实现分布式锁

任务 2：初识消息中间件

任务 3：掌握消息中间件 ActiveMQ 的使用

任务 4：在“双 11”抢购项目中应用消息队列

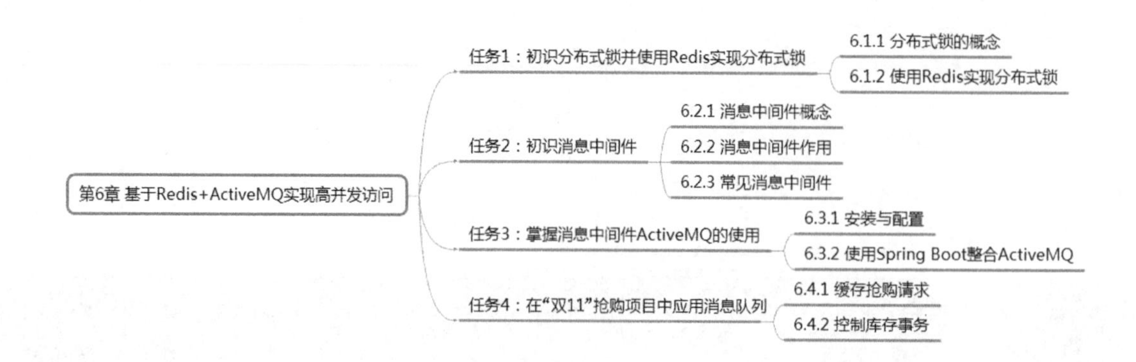

任务1 初识分布式锁并使用 Redis 实现分布式锁

6.1.1 分布式锁的概念

在多线程编程中，为了防止多个线程同时访问同一资源，我们往往会在线程访问的具体方法前或者对象上绑定 synchronized 关键字，从而保证同一时刻只能有一个线程访问该资源。在分布式集群架构的环境下，也会遇到类似的应用场景，如“双 11”抢购项目的并发抢购操作。为了防止在高并发的情况下，用户对抢购库存的访问和修改产生不一致性问题，在程序设计中我们需要为抢购的具体操作增加同步锁，确保同一时刻只能有一个线程访问商品库存资源。但是由于在“双 11”抢购项目的应用部署中，执行抢购逻辑的代码被部署到多个节点（集群方式），因此抢购的线程可能不在同一个机器或进程中，所以简单地使用 synchronized 关键字将无法保证抢购资源的数据一致性。这时，我们就需要使用分布式锁来进行资源同步控制。可以用来实现分布式锁的常规解决方案有很多，如 Memcached 的 add 命令、Memcached 的 cas 命令、Redis 的 setnx 命令、ZooKeeper 中间件等。在“双 11”抢购项目中，我们将使用 Redis 的 setnx 命令来实现分布式锁。

6.1.2 使用 Redis 实现分布式锁

使用setnx实现分布式锁

在以前的企业应用开发中，我们会使用 Redis 客户端（如 Jedis）的 set(key,value,expire)方法将数据按照 key、value 的形式保存到 Redis 中，并可以为其设置超时（expire）时间。setnx()与 set()方法类似，同样具有保存数据的功能，且语法为 setnx(key,value,expire)。与 set()方法不同的是，setnx()方法具有以下特性。

- 执行 setnx()方法后，当不存在对应 key 时，setnx()方法返回 1，表示设置成功。
- 执行 setnx()方法后，当存在对应 key 时，setnx()方法返回 0，表示设置失败。

在分布式集群系统中，只需要为每个需要被同步的操作规定一个固定的 key 值。当某节点的线程需要执行该操作时，首先去设置该 key 值，如果设置成功，代表当前节点持锁成功；如果设置失败，代表有其他线程正在持有该锁。拿到锁的线程可以按照流程执行一系列的操作，执行成功后需要释放锁，即将 setnx 设置的 key 值删除，其他线程可以继续持有该锁。当然为了防止线程内部的死循环及网络问题，一般我们在使用 setnx 设置锁的时候，需要为该锁设置超时时间，即最大执行时间，超过该时间，锁自动释放。

在“双 11”抢购项目中加入分布式锁后，秒杀抢购的执行流程如图 6.1 所示。

（1）用户通过进入秒杀页面进行抢购操作。

（2）应用程序接收请求，开始处理用户请求。

（3）获取 Redis-SETNX 锁（可以以对应商品 ID 作为 key 值），如果没有获取成功，则继续等待，直到获取成功。

（4）获得锁后，进行库存判断（为了提高抢购效率，我们将商品库存缓存到 Redis 中）。如果库存充足，则锁定库存并释放锁；否则直接释放锁，返回抢购失败提醒。

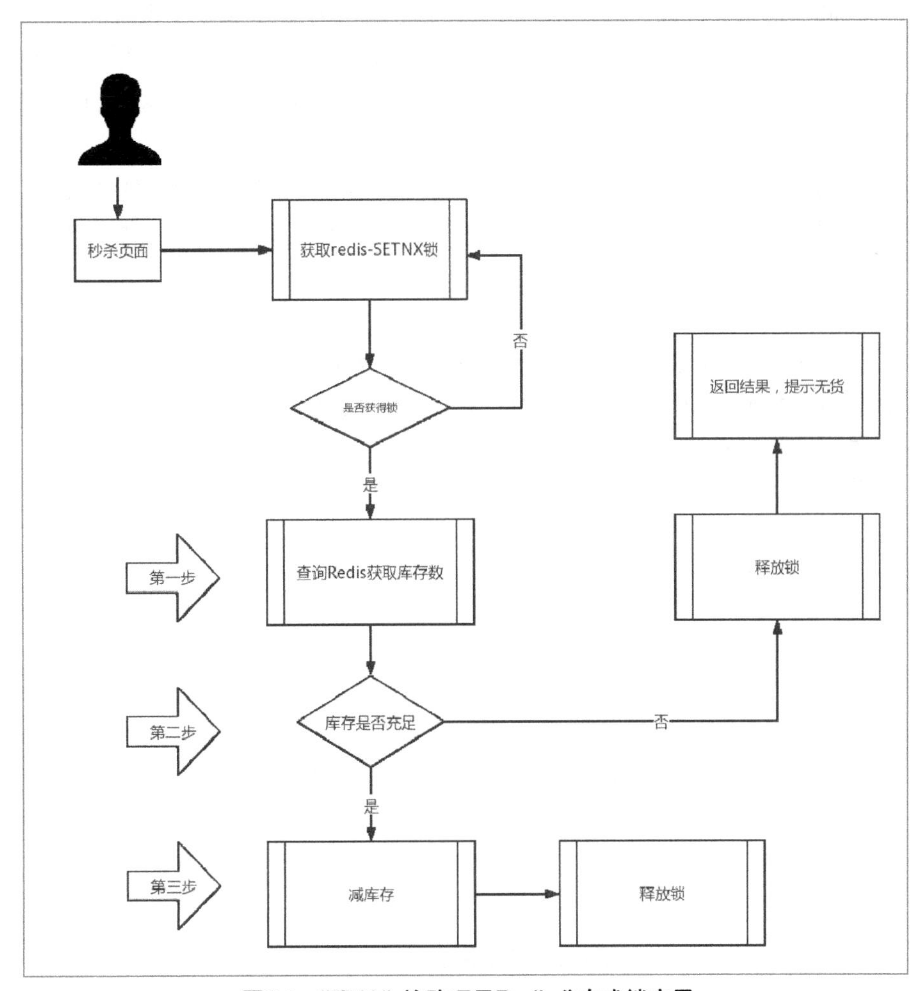

图6.1 “双11”抢购项目Redis分布式锁应用

到目前为止，我们已经学会了使用 Redis 作为缓存来缓存商品库存信息，并学会了使用 setnx 作为分布式锁来解决高并发下的库存访问问题。但是锁的机制势必会导致线程的排队执行，从某种程度上来说锁的设置也会降低程序的执行效率。后执行抢购的用户必须等待先执行抢购的用户执行完具体的抢购操作后，才能执行抢购操作。接下来的任务中，我们将使用消息中间件来解决这个问题。

任务2 初识消息中间件

6.2.1 消息中间件概念

消息中间件利用高效可靠的消息传递机制进行平台无关的数据交流，并基于数据通信来进行分布式系统的集成。通过提供消息传递和消息排队模型，它可以在分布式环境下扩展进程间的通信。简而言之，消息中间件应用于一个系统或多个系统间进行消息的传递，以达到系统解耦的目的。如图 6.2 所示，假如应用系统 A 需要执行一个操作时，B 系统也必须进行相应处理，那么我们就可以使用消息中间件来完成这个功能。执行步骤如下：

（1）应用系统 A 执行操作，在执行成功后需要推送一条消息到消息中间件。

（2）应用系统 B 监听到来自消息中间件的消息，并在自身系统内部执行对应操作。

注意

由于消息中间件在系统中常常担任指令传达者的角色，消息中间件的稳定与否，直接影响着系统的稳定性。因此大部分公司在实际开发中，常常使用集群的方式来部署和管理消息中间件。

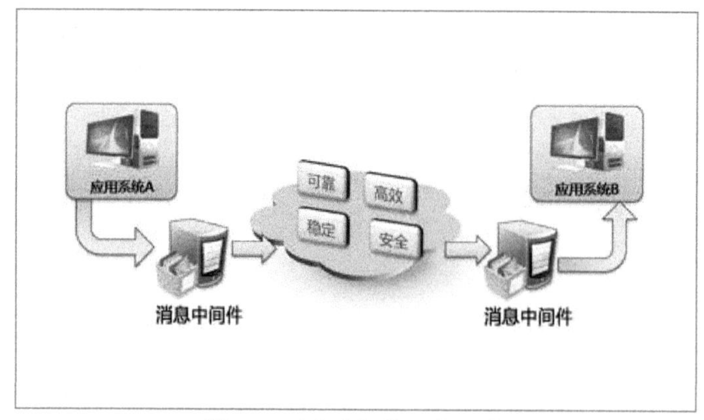

图6.2 消息中间件工作场景

6.2.2 消息中间件作用

我们以下面的场景为例，来讲解消息中间件在系统中的作用。

场景实例：假定现在有用户系统、邮件系统、短信系统三个子系统。当用户在用户系统执行注册后，需要同时调用邮件系统和短信系统分别执行发邮件和发短信的操作。常见的串行流程设计如图 6.3 所示，整个执行周期约需要 150ms 的时间。

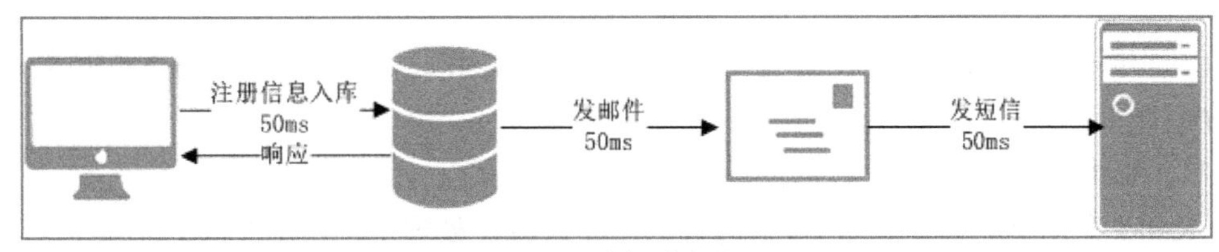

图6.3　串行流程图

1．**异步处理**

图 6.3 为串行处理的流程，发邮件和发短信是顺序执行，必须等待发邮件操作执行完成后才能执行发短信操作。引入消息中间件后，系统执行流程如图 6.4 所示。

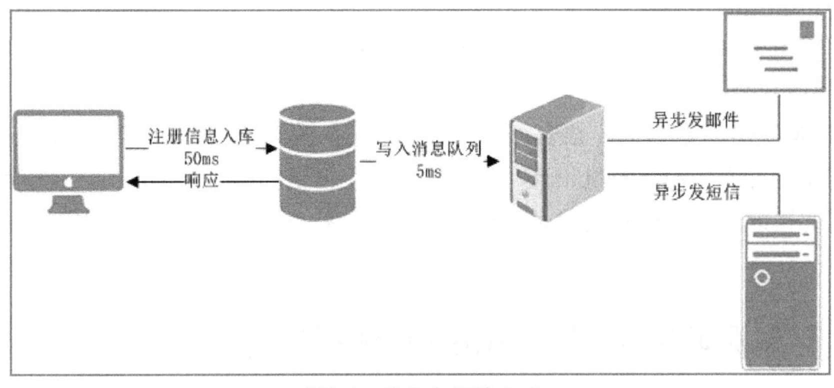

图6.4　消息中间件方式

（1）邮件系统和短信系统分别订阅该消息主题，监听消息中间件消息。

（2）用户通过用户系统执行具体注册操作，成功后将结果写入消息队列后，不再关心消息的后续执行流程。

（3）邮件系统和短信系统获取到消息，分别执行各自操作。

整个流程中，原有用户系统需要执行 150ms 的操作，并等待返回结果。使用了消息队列后，用户系统只需要花费 55ms 的时间将消息写入消息队列中，对于后续的操作则无须关心。发邮件和发短信都属于异步操作。

2．**应用解耦**

原来的处理流程中，短信系统必须等待邮件系统的执行完成，方能执行。系统间的耦合性很大。应用消息中间件后，发邮件和发短信运行在两个系统中，成为完全互不干扰的操作，完成系统间的解耦。

3．**流量削峰**

在实际应用中，消息中间件均可设置最大可接收的消息数目。利用这一特性我们可以通过控制消息的最大接收数，来控制访问的用户数量。比如，在“双 11”抢购项目中，商品库存只有100，我们可以设置消息的最大接收数为100，即只接收前100位的用户请求，对于后续用户则直接返回抢购失败的提示。

6.2.3 常见消息中间件

在实际的企业开发中，使用较多的消息队列有Kafka、ActiveMQ、RabbitMQ等。具体介绍如下。

1. Kafka

Kafka是由Apache软件基金会开发的一个开源流处理平台，用Scala和Java编写。Kafka是一种高吞吐量的分布式发布订阅消息系统，它可以处理消费者规模的网站中的所有动作流数据。由于其高吞吐量的特性，Kafka经常被用来存储项目日志。

2. ActiveMQ

ActiveMQ是由Apache软件基金会采用Java语言开发的一个开源的消息中间件，完美地遵循JMS规范。ActiveMQ易于实现高级场景，而且只需付出低消耗，被誉为消息中间件的“瑞士军刀”。常用来处理高并发请求的流量削峰、事务处理等。

3. RabbitMQ

RabbitMQ是基于Erlang语言编写的开源消息队列，通过Erlang的Actor模型实现了数据的稳定可靠传输。RabbitMQ在数据一致性、稳定性和可靠性方面比较优秀，而且直接或间接地支持多种协议，对多种语言支持良好，常应用于金融领域的事务控制。

任务3 掌握消息中间件ActiveMQ的使用

6.3.1 安装与配置

在Docker课程中已经介绍过如何安装ActiveMQ的Docker容器。本节主要介绍在真实Linux系统环境下的安装和配置过程。

第一步：下载安装包

从官网下载apache-activemq-5.14.0-bin.tar.gz。

第二步：解压

将下载完成的安装包放到/usr/local目录（此目录可以根据自己的需求随意指定），使用命令解压安装tar –zxvf apache-activemq-5.14.0-bin.tar.gz。

第三步：启动ActiveMQ

首先使用命令cd /usr/local/apache-activemq-5.14.0/bin跳转到ActiveMQ的bin目录下面。

然后执行./activemq start进行启动，启动后控制台输出如图6.5所示内容，则标识安装成功。

```
[root@localhost bin]# ./activemq start
INFO: Loading '/usr/local/apache-activemq-5.14.0//bin/env'
INFO: Using java '/usr/java/jdk1.7.0_67/bin/java'
INFO: Starting - inspect logfiles specified in logging.properties and log4j.pr
operties to get details
INFO: pidfile created : '/usr/local/apache-activemq-5.14.0//data/activemq.pid'
 (pid '3986')
```

图6.5　启动ActiveMQ

6.3.2　使用 Spring Boot 整合 ActiveMQ

ActiveMQ 在实际的企业级开发中主要有两种模式：点对点模式（Queue）和发布订阅模式（Topic）。接下来将针对这两种模式，分别进行与 Spring Boot 的整合。

注意

整合时要求 JDK 必须为 1.7 及以上版本，并且 ActiveMQ 的服务已经安装配置完成。

1．Queue 模式

定义：

图 6.6 所示为 Queue 模式的示意图。

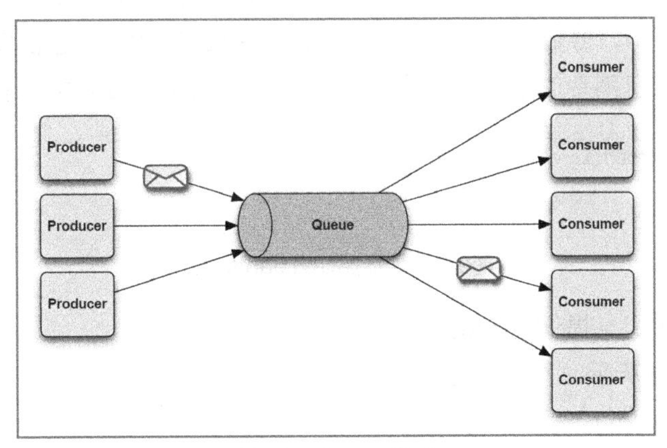

图6.6　Queue模式

Queue 顾名思义即队列（先进先出），消息提供者生产消息发布到 Queue 中，然后消息消费者从 Queue 中取出，并且消费消息。这里需要注意的是，**消息被消费者消费以后，Queue 中不再存储，所以消息只能被成功消费一次。**Queue 支持存在多个消息消费者，但是对一个消息而言，只会有一个消费者可以消费。

实现步骤：

第一步：创建 Spring Boot 项目

命名为 activemqdemo，并添加相应的与 ActiveMQ 相关的依赖，如图 6.7 所示。

其中第一个依赖是必需的，第二个依赖是配置 ActiveMQ 连接池必需的，如果不配置此连接池，就可以不添加此依赖。

```
<dependency>
    <groupId>org.springframework.boot</groupId>
    <artifactId>spring-boot-starter-activemq</artifactId>
</dependency>

<dependency>
    <groupId>org.apache.activemq</groupId>
    <artifactId>activemq-pool</artifactId>
</dependency>
```

图6.7 添加与ActiveMQ相关的依赖

第二步：添加配置类 ActiveMQConfig.java

在此类中生成 Queue 的 Bean 实例，代码如图 6.8 所示。

```
@Configuration
public class ActiveMQConfig {
    @Bean
    public Queue queue(){
        return new ActiveMQQueue(Constants.QUEUEMESSAGE);
    }
}
```

图6.8 配置类ActiveMQConfig.java

返回 ActiveMQQueue 类的对象实例，其中，Constants 为常量类，用于定义常量，其代码如图 6.9 所示。参数 Constants.QUEUEMESSAGE 的作用是给 Queue 指定名称，这个名称在进行消息消费时要用到，在第四步的创建消息消费者类中有介绍。

```
public class Constants {
    public static final String QUEUEMESSAGE = "queue";
}
```

图6.9 常量类Constants.java

第三步：创建消息提供者 Producer.java

代码如图 6.10 所示。

```
@RestController
public class Producer {

    @Autowired
    private JmsMessagingTemplate jmsMessagingTemplate;

    @Autowired
    private Queue queue;

    @RequestMapping("/sendMessage/{msg}")
    public void sendMessage(@PathVariable("msg") String msg){
        this.jmsMessagingTemplate.convertAndSend(queue, msg);
    }
}
```

图6.10 消息提供者

其中，Spring Boot 整合 ActiveMQ 之后可以自动配置生成 JmsMessagingTemplate 类的 Bean 实例，故这里直接通过@Autowired 注解注入即可。Queue 的 Bean 实例由 ActiveMQConfig 类生成。

sendMessage 方法用来发消息，使用 REST 风格的形式，通过前台页面访问调用此方法来进行消息的发送。发送消息使用 JmsMessagingTemplate 的 convertAndSend 方法，此方法有两个参数：一个是 Queue 类的对象，另一个是消息的内容。

第四步：创建消息消费者 Consumer.java

代码如图 6.11 所示。

```
@Component
public class Consumer {
    @JmsListener(destination = Constants.QUEUEMESSAGE)
    public void receiveQueue(String message) throws JMSException{
        if(null != message){
            System.out.println("接收到的报文是：" + message);
        }
    }
}
```

图6.11　消息消费者

注意

① 需要添加注解@Component，添加上这个注解之后，系统可以识别到此类，进而进行消息的接收。

② 指定接收的目标消息是什么，通过 destination = Constants.QUEUEMESSAGE。

第五步：配置 ActiveMQ

配置内容如图 6.12 所示。

```
#配置JMS服务连接地址
spring.activemq.broker-url=tcp://192.168.57.128:61616
#用户名
spring.activemq.user=admin
#密码
spring.activemq.password=admin
#是否接收所有消息，true即为接收所有消息
spring.activemq.packages.trust-all=true
```

图6.12　配置ActiveMQ

第六步：启动项目测试

打开浏览器访问 http://localhost:8080/sendMessage/msg，如果控制台打印如图 6.13 所示的内容，证明消息发送接收成功。

图6.13　测试结果

2. Topic 模式

定义：

图 6.14 所示为 Topic 模式的示意图。

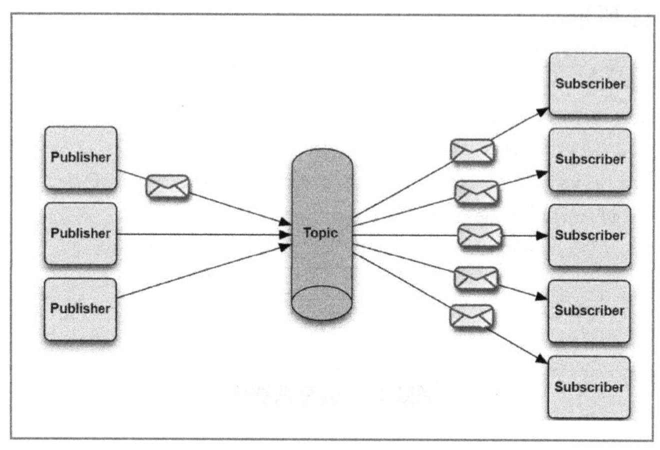

图6.14　Topic模式

消息提供者将消息发布到 Topic 中，同时有多个消息消费者（订阅者）消费该消息。和点对点方式不同，发布到 Topic 的消息会被所有订阅者消费。

实现步骤：

Topic 模式的实现步骤和 Queue 模式的实现步骤大致相同，需要在上述步骤的基础上修改 4 个地方。

（1）修改 ActiveMQConfig.java

添加如图 6.15 所示方框中的代码，同样在 Constants.java 中添加相应的常量。

```java
@Configuration
public class ActiveMQConfig {
    @Bean
    public Queue queue() {
        return new ActiveMQQueue(Constants.QUEUEMESSAGE);
    }

    @Bean
    public Topic topic() {
        return new ActiveMQTopic(Constants.TOPICMESSAGE);
    }
}
```

图6.15　修改ActiveMQConfig.java

（2）修改 Producer.java

修改的内容如图 6.16 所示。

```
@RestController
public class Producer {

    @Autowired
    private JmsMessagingTemplate jmsMessagingTemplate;

    @Autowired
    private Queue queue;

    @Autowired
    private Topic topic;

    @RequestMapping("/sendMessage/{msg}")
    public void sendMessage(@PathVariable("msg") String msg){
//          this.jmsMessagingTemplate.convertAndSend(queue, msg);
        this.jmsMessagingTemplate.convertAndSend(topic, msg);
    }
}
```

图6.16　修改消息提供者

（3）修改 Consumer.java

修改的内容如图 6.17 所示。

```
@Component
public class Consumer {
    @JmsListener(destination = Constants.TOPICMESSAGE)
    public void receiveQueue(String message) throws JMSException{
        if(null != message){
            System.out.println("接收到的报文是：" + message);
        }
    }
}
```

图6.17　修改消息消费者

（4）修改配置信息

添加如图 6.18 所示方框中的代码，设置使用 Topic 模式。

```
#配置JMS服务连接地址
spring.activemq.broker-url=tcp://192.168.57.128:61616
#用户名
spring.activemq.user=admin
#密码
spring.activemq.password=admin
#是否接收所有消息，true即为接收所有消息
spring.activemq.packages.trust-all=true
#设置使用Topic模式
spring.jms.pub-sub-domain=true
```

图6.18　修改配置信息

任务 4　在“双 11”抢购项目中应用消息队列

通过以上的介绍我们清楚了 ActiveMQ 的两种应用模式。在“双 11”抢购项目系统

中，我们主要应用的是 Queue 模式。主要实现如下功能。

6.4.1 缓存抢购请求

为了解决“双 11”抢购项目的高并发访问，我们使用 ActiveMQ 的 Queue 模式实现请求的缓存。具体流程如图 6.19 所示。

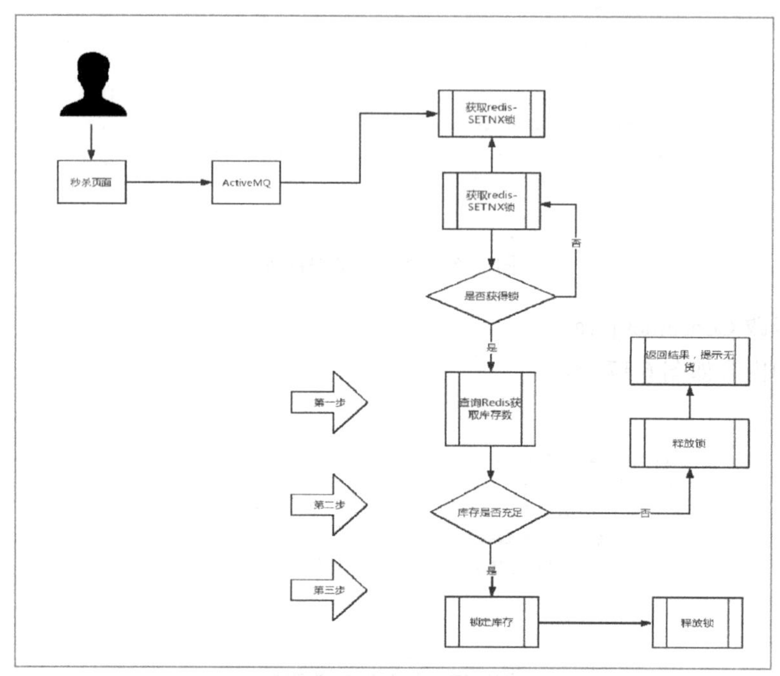

图6.19 使用ActiveMQ的Queue模式实现请求的缓存

核心代码如图 6.20 所示。

```
        }
        //如果未抢购则加入消息队列，等待处理
        qgGoodsMessage.setAmount(qgGoodsVo.getPrice());
        //判断成功发送抢购消息 进行排队
        mqUtils.sendMessage(Constants.QueueName.TO_QG_QUEUE, qgGoodsMessage);
    } catch (Exception e) {
        e.printStackTrace();
        return DtoUtil.returnFail( message: "排队失败",  errorCode: "0002");
    }
    return DtoUtil.returnSuccess();
```

图6.20 核心代码

6.4.2 控制库存事务

基于微服务架构的概念，我们将“双 11”抢购项目拆分成几个子项目。用户完成一个操作往往需要调用几个子系统的服务。因此对于那些需要事务的操作，我们无法使用传统的 JDBC 事务统一管理。在“双 11”抢购项目中，我们利用消息的异步特性来保证事务的最终一致性。以“双 11”抢购项目订单支付功能为例，实现原理如图 6.21 所示。

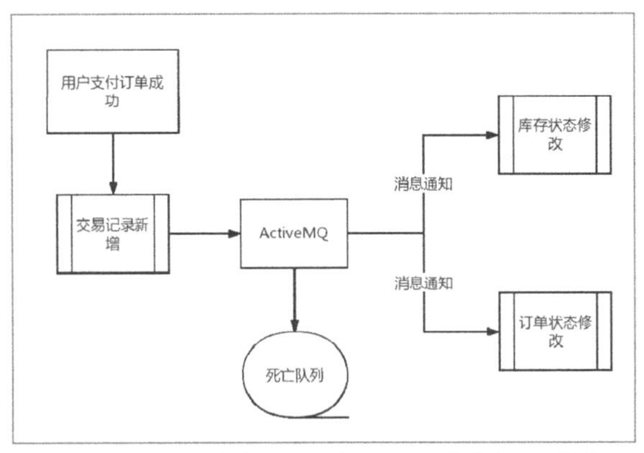

图6.21　使用消息的异步特性保证事务的一致性

“双 11”抢购项目订单支付功能涉及到的子项目包括订单项目、交易项目、商品项目。

（1）当用户通过交易项目成功支付订单后，首先在交易项目的数据库中新增一条交易记录。

（2）新增交易记录完成后，需要往对应 ActiveMQ 的队列中新增一条通知消息，通知其他项目某条订单支付成功。

（3）商品项目和订单项目分别订阅该消息，在获取订单支付成功消息后，分别修改商品库存和订单状态。

（4）如果消息在执行的过程中发生异常，则将消息加入到死亡队列中，等待再次被消费或人工处理。

本章总结

本章学习了以下知识点。

- 分布式锁的定义，使用 Redis 实现分布式锁。
- 消息中间件的定义，常见的消息中间件有：
  - Kafka
  - ActiveMQ
  - RabbitMQ
- 安装和配置 ActiveMQ 的方法。
- Spring Boot 整合 Redis 并实现 Queue 模式和 Topic 模式。
- 在“双 11”抢购项目中使用消息中间件。

本章练习

1. 简述消息队列的 Queue 模式和 Topic 模式。
2. 消息中间件 ActiveMQ 在“双 11”抢购项目中是如何使用的？具体解决了哪些问题？

第7章

分布式下的第三方接入

技能目标

- ❖ 掌握 OAuth2.0 协议的授权流程
- ❖ 理解微信登录的实现步骤和参数解析
- ❖ 掌握编码接入微信登录
- ❖ 了解微信支付的申请流程
- ❖ 掌握微信扫码支付的流程
- ❖ 了解微信扫码支付的安全规范
- ❖ 掌握编码接入微信扫码支付
- ❖ 掌握使用支付宝沙箱环境
- ❖ 掌握支付宝支付的开发步骤

本章任务

学习本章内容，需要完成以下三个工作任务。记录学习过程中遇到的问题，可以通过自己的努力或访问 kgc.cn 解决。

任务 1：实现分布式下的微信登录功能

任务 2：实现分布式下的微信支付功能

任务 3：实现分布式下的支付宝支付功能

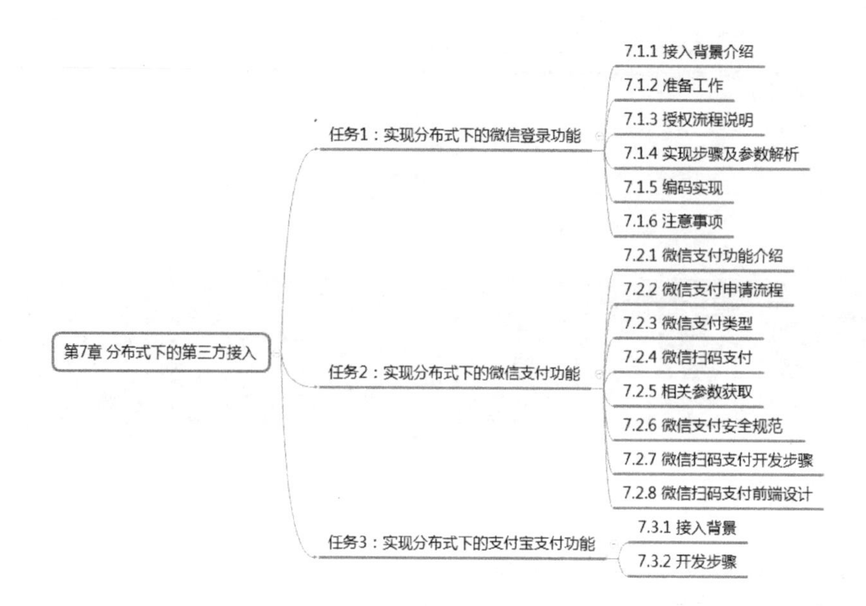

任务 1 实现分布式下的微信登录功能

7.1.1 接入背景介绍

对用户来说，第三方登录带来的最大好处就是方便。一方面可以省去注册流程，另一方面也不用费心去记各种账号密码，可以用微博、微信等账号一号走遍天下。另外通过微博、QQ、微信等平台可以更容易地对好友进行分享并与好友实现互动。这些好处让许多比较“懒”的用户更倾向于用第三方账号体系登录。

对于网站应用开发人员来说，第三方账号登录的好处主要有三点。

（1）提升了用户的注册转化率，降低了进入的门槛，减少了因注册麻烦而流失的用户。

（2）可以利用微博、QQ、微信等平台的资源，提升自己产品的曝光率，提高自己的知名度。

（3）可以省去自主登录体系的开发工作，同时可以通过授权获得用户的粉丝、好友，对其进行针对性的营在销。

7.1.2 准备工作

微信登录网站应用是基于 OAuth2.0 协议标准构建的微信 OAuth2.0 授权登录系统。

在进行微信 OAuth2.0 授权登录接入之前，需要在微信开放平台**注册开发者账号，并拥有一个已审核通过的网站应用**，获得相应的 APPID 和 APPSecret，申请微信登录且通过审核后，可以开始接入流程，如图 7.1 所示。

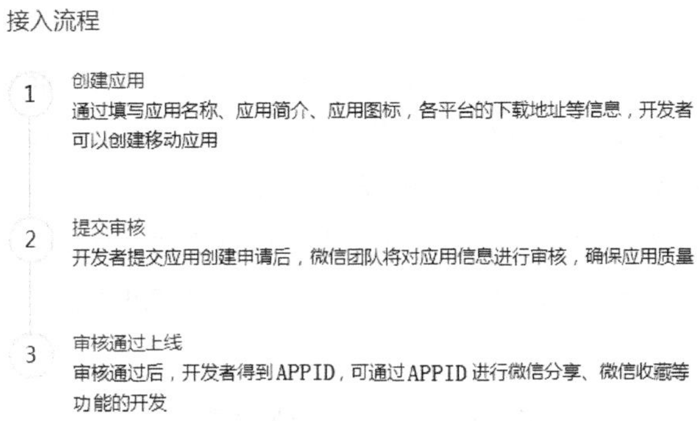

接入流程
1
创建应用
通过填写应用名称、应用简介、应用图标，各平台的下载地址等信息，开发者可以创建移动应用
2
提交审核
开发者提交应用创建申请后，微信团队将对应用信息进行审核，确保应用质量
3
审核通过上线
审核通过后，开发者得到 APPID，可通过 APPID 进行微信分享、微信收藏等功能的开发

图7.1 接入流程

7.1.3 授权流程说明

微信 OAuth2.0 授权登录让微信用户可以使用微信身份安全登录第三方应用或网站，在微信用户授权登录已接入微信 OAuth2.0 的第三方应用后，第三方可以获取到用户的接口调用凭证（access_token），再通过 access_token 进行微信开放平台授权关系接口调用，从而实现获取微信用户基本开放信息和帮助用户实现基础开放等功能。

微信 OAuth2.0 授权登录目前支持 authorization_code 模式，适用于拥有 server 端的应用授权。该模式整体流程如下。

（1）第三方发起微信授权登录请求，微信用户允许授权第三方应用后，微信会打开应用或重定向到第三方网站，并且带上授权临时票据 code 参数。

（2）通过 code 参数加上 APPID 和 APPSecret 等，通过 API 换取 access_token。

（3）通过 access_token 进行接口调用，获取用户基本数据资源或帮助用户实现基本操作。

获取 access_token 的时序图如图 7.2 所示。

微信用户
第三方应用
微信开放平台
请求登录第三方应用
请求微信OAuth2.0授权登录
请求用户确认
用户确认
打开第三方应用或重定向到第三方，带上授权临时票据（code）
通过code加上appid和appsecret换取access_token
返回access_token

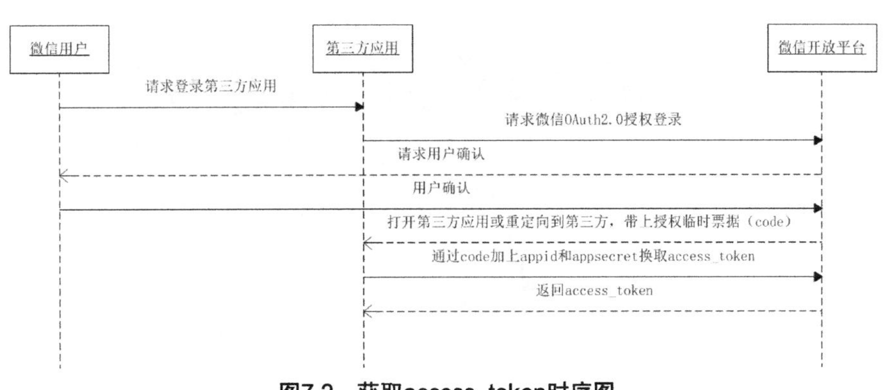

图7.2 获取access_token时序图

7.1.4 实现步骤及参数解析

第一步：请求获取 code

第三方应用使用网站应用授权登录前应注意先获取相应网页授权作用域，接下来通过在 PC 端打开 https://open.weixin.qq.com/connect/qrconnect?appid=APPID&redirect_uri=REDIRECT_URI&response_type=code&scope=SCOPE&state=STATE#wechat_redirect 链接获取 code。

编码实现步骤介绍

若提示“该链接无法访问”，检查参数是否填写错误，如 redirect_uri 的域名与审核时填写的授权域名不一致或 scope 不为 snsapi_login。

参数说明如表 7-1 所示。

表 7-1 请求获取 code 参数说明

参　数	是否必须	说　明
appid	是	应用唯一标识
redirect_uri	是	重定向地址，需要进行 UrlEncode
response_type	是	填 code
scope	是	应用授权作用域，拥有多个作用域用逗号(,)分隔，网页应用目前仅填写 snsapi_login 即可
state	否	用于保持请求和回调的状态，授权请求后原样带回给第三方。该参数可用于防止 csrf 攻击（跨站请求伪造攻击），建议第三方带上该参数，可设置为简单的随机数加 session 进行校验

返回说明：

用户允许授权后，将会重定向到 redirect_uri 的网址上，并且带上 code 和 state 参数。

请求的格式：redirect_uri?code=CODE&state=STATE。

若用户禁止授权，则重定向后不会带上 code 参数，仅会带上 state 参数。

请求的格式：redirect_uri?state=STATE。

针对第一步——请求获取 code，微信开放平台官网提供了第二种实现方式，这里不做详细介绍，有兴趣的读者可以访问如图 7.3 所示的页面进行查看。

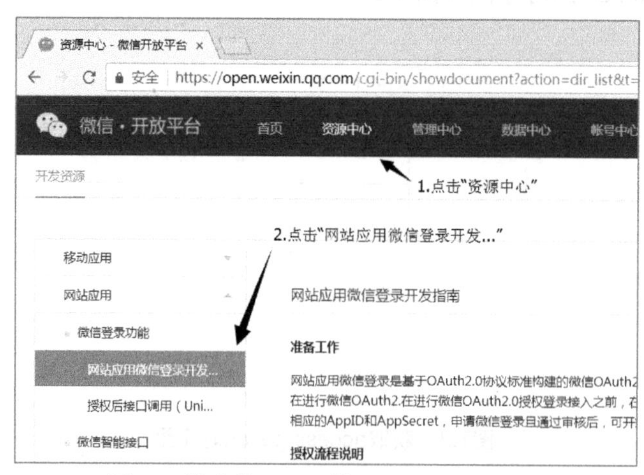

图7.3 请求获取code第二种方式访问方法

第二步：通过 code 获取 access_token

通过 code 获取 access_token，请求的路径：https://api.weixin.qq.com/sns/oauth2/access_

token?appid=APPID&secret=SECRET&code=CODE&grant_type=authorization_code。

参数说明如表 7-2 所示。

表 7-2　通过 code 获取 access_token 参数说明

参　数	是否必须	说　明
appid	是	应用唯一标识，在微信开放平台提交应用审核通过后获得
secret	是	应用密钥 APPSecret，在微信开放平台提交应用审核通过后获得
code	是	填写第一步获取的 code 参数
grant_type	是	填 authorization_code

返回说明：

正确的返回如下，参数说明如表 7-3 所示。

```
{
"access_token":"ACCESS_TOKEN",
"expires_in":7200,
"refresh_token":"REFRESH_TOKEN",
"openid":"OPENID",
"scope":"SCOPE",
"unionid": "o6_bmasdasdsad6_2sgVt7hMZOPfL"
}
```

表 7-3　通过 code 获取 access_token 返回参数说明

参　数	说　明
access_token	接口调用凭证
expires_in	access_token 接口调用凭证超时时间，单位秒
refresh_token	用户刷新 access_token
openid	授权用户唯一标识
scope	用户授权的作用域，使用逗号（,）分隔
unionid	当且仅当该网站应用已获得该用户的 userinfo 授权时，才会出现该字段

错误返回样例：

```
{"errcode":40029,"errmsg":"invalid code"}
```

第三步：通过 access_token 调用接口

获取 access_token 后，可以进行接口调用，但有以下前提。

（1）access_token 有效且未超时。

（2）微信用户已授权给第三方应用账号相应的接口作用域（scope）。

对于接口作用域（scope），能调用的接口如表 7-4 所示。

表 7-4　接口作用域（scope）

授权作用域（scope）	接　口	接口说明
snsapi_base	/sns/oauth2/access_token	通过 code 换取 access_token、refresh_token 和已授权 scope
	/sns/oauth2/refresh_token	刷新或续期 access_token 使用
	/sns/auth	检查 access_token 有效性
snsapi_userinfo	/sns/userinfo	获取用户个人信息

其中 snsapi_base 属于基础接口，若应用已拥有其他 scope 权限，则默认拥有 snsapi_base 的权限。使用 snsapi_base 可以让移动端网页授权绕过跳转到授权登录页请求用户授权的动作，直接跳转到第三方网页带上授权临时票据（code），但会使得用户已授权作用域（scope）仅为 snsapi_base，从而导致无法获取到需要用户授权才允许获得的数据和基础功能。

7.1.5 编码实现

第一步：请求获取 code

创建控制器类 VendorsController.java，在类中编写方法 wechatLogin 来请求地址 qrconnect。

关键代码如示例 1 所示。

示例 1

```
/**
 * 微信登录第一步：请求获取 code
 * @param response
 */
@RequestMapping("/wechat/login")
public void weChatLogin(HttpServletResponse response){
    StringBuilder qrconnect = new
              StringBuilder("https://open.weixin.qq.com/connect/qrconnect?");
    //注：本书不提供 appid 的值，此处省略
    qrconnect.append("appid=");
    qrconnect.append(wechatConfig.getAppId());
    //redirect_uri 必须为外网可以访问的地址
    qrconnect.append("&redirect_uri=http%3a%2f" +
                 "%2fj19h691179.iok.la%2fvendors%2fwechat%2fcallback");
    qrconnect.append(wechatConfig.getRedirectUri());
    qrconnect.append("&response_type=code");
    qrconnect.append("&scope=snsapi_login&state=STATE#wechat_redirect");
    try {
        response.sendRedirect(qrconnect.toString());
    } catch (IOException e) {
        e.printStackTrace();
    }
}
```

注意

redirect_uri 参数必须为微信开放平台注册网站应用时的授权回调域，并且是通过 urlEncode 编码过的，appid 为申请网站应用的 APPID，其他参数为固定写法。

第二步：通过 code 获取 access_token 并登入到“双 11”抢购项目首页

此步骤为 7.1.4 节中第二、三两步的合并，同样在 VendorsController 中编写方法实现，此方法对应的就是第一步中 redirect_uri 对应的请求方法，如果第一步没有出现问题的话，在此方法中是可以获得 code 参数的。

关键代码如示例 2 所示。

示例 2

```
/**
 * 微信登录——第二步：通过 code 换取 access_token
 * @param code
 * @param request
 * @param response
 * @throws IOException
 */
@RequestMapping(value = "/wechat/callback")
public void wechatCallback(@RequestParam String code,
                                        HttpServletRequest request,
                                        HttpServletResponse response) throws IOException{
//定义通过 code 获取 access_token 的请求地址 accessTokenUrl
 StringBuilder accessTokenUrl = new
StringBuilder("https://api.weixin.qq.com/sns/oauth2/access_token");
 accessTokenUrl.append("?appid=wx9168f76f000a0d4c");
 accessTokenUrl.append("&secret=8ba69d5639242c3bd3a69dffe84336c1");
 accessTokenUrl.append("&code="+code);
 accessTokenUrl.append("&grant_type=authorization_code");
        response.setContentType("text/html;charset=utf-8");
//请求 accessTokenUrl 获取 accessToken
  String json= UrlUtils.loadURL(accessTokenUrl.toString());
  Map<String,Object> wechatToken=JSON.parseObject(json, Map.class);
  try {
      //验证本地库是否存在该用户，没有则创建用户
      QgUser user=qgLoginService.findByWxUserId(wechatToken.get("openid").toString());
      if(user==null){//如果不存在则添加用户
          user = new QgUser();
          user.setWxUserId(wechatToken.get("openid").toString());
          String id = IdWorker.getId();
          user.setId(id);
          qgLoginService.createQgUser(wechatToken.get("openid").toString(), id);
}
      //生成 token 用于返回给前端，前端获得这个 token 作为访问其他功能的凭据
      String token = qgLoginService.generateToken(user);
```

```
            qgLoginService.save(token, user);
            //成功登入抢购网首页，并带上所需参数
            StringBuilder loginPage=new StringBuilder();
            loginPage.append("http://j19h691179.iok.la:15614/index.html");
            loginPage.append("?token="+token);
            loginPage.append("&access_token="+wechatToken.get("access_token").toString());
            loginPage.append("&expires_in="+wechatToken.get("expires_in").toString());
            loginPage.append("&refresh_token="+wechatToken.get("refresh_token").toString());
            loginPage.append("&openid="+wechatToken.get("openid").toString());
            response.sendRedirect(loginPage.toString());
        } catch (Exception e1) {
            e1.printStackTrace();
        }
    }
```

详细步骤如代码中注释内容所示，注意加粗的代码为“双 11”抢购项目的首页，此地址必须为外网可以访问的地址。

7.1.6 注意事项

1．返回 token 到前台

由于“双 11”抢购项目使用 token 保存用户会话，所以登入“双 11”抢购项目首页时，需要把 token 带到前台页面，前台页面获得 token 之后才能用于请求其他功能。

2．保证 access_token 有效

必须保证从获得 access_token 到登入“双 11”抢购项目首页期间，access_token 处于有效期内。access_token 是调用授权关系接口的调用凭证，由于 access_token 有效期（目前为 2 个小时）较短，当 access_token 超时后，可以使用 refresh_token 进行刷新。access_token 刷新结果有两种：

（1）若 access_token 已超时，那么进行 refresh_token 会获得一个新的 access_token，即新的超时时间。

（2）若 access_token 未超时，那么进行 refresh_token 不会改变 access_token，但超时时间会刷新，相当于续期 access_token。

refresh_token 拥有较长的有效期（30 天），当 refresh_token 失效后，需要用户重新授权。

请求方法：

获取第一步的 code 后，请求以下链接获取 refresh_token：https://api.weixin.qq.com/sns/oauth2/refresh_token?appid=APPID&grant_type=refresh_token&refresh_token=REFRESH_TOKEN。

参数说明如表 7-5 所示。

表 7-5　请求刷新 access_token 有效期的参数说明

参　数	是否必须	说　明
appid	是	应用唯一标识
grant_type	是	填 refresh_token
refresh_token	是	填写通过 access_token 获取到的 refresh_token 参数

返回说明如下。

正确的返回：

```
{
"access_token":"ACCESS_TOKEN",
"expires_in":7200,
"refresh_token":"REFRESH_TOKEN",
"openid":"OPENID",
"scope":"SCOPE"
}
```

参数说明如表 7-6 所示。

表 7-6　请求刷新 access_token 有效期的返回参数说明

参　数	说　明
access_token	接口调用凭证
expires_in	access_token 接口调用凭证超时时间，单位（秒）
refresh_token	用户刷新 access_token
openid	授权用户唯一标识
scope	用户授权的作用域，使用逗号（,）分隔

错误返回样例：

```
{"errcode":40030,"errmsg":"invalid refresh_token"}
```

注意

① AppSecret 是应用接口使用密钥，不慎泄露后将可能导致应用数据泄漏、用户数据泄漏等高风险后果；因其存储在客户端，极有可能被恶意窃取（如反编译获取 AppSecret）;

② access_token 为用户授权第三方应用发起接口调用的凭证(相当于用户登录)，存储在客户端，可能出现恶意获取 access_token 后导致的用户数据泄露、用户微信相关接口功能被恶意发起等行为；

③ refresh_token 为用户授权第三方应用的长效凭证，仅用于刷新 access_token，但泄露后相当于 access_token 泄露，风险同上。

建议将 AppSecret、用户数据（如 access_token）放在 App 云端服务器，再由云端中转接口调用请求。

任务 2 实现分布式下的微信支付功能

7.2.1 微信支付功能介绍

微信支付平台是微信运营商提供给商家用于收付款的支付平台，商家可以通过微信运营商提供的微信支付 API，进行应用程序对接。微信支付目前可以对接超市扫码机、商家微信公众号、商家 PC 平台、商家 APP、商家 H5 程序，以及在微信平台开发的微信小程序。微信支付公众号目前有关于微信支付的相关介绍，其二维码如图 7.4 所示。

图7.4 微信支付公众号二维码

7.2.2 微信支付申请流程

1. 注册账号

在微信注册公众平台，选择账号类型为服务号，填写相关资料并通过微信支付认证。

2. 填写资料

商户需提供以下三项资料：

- 经营类目以及对应经营资质
- 企业联系信息
- 企业银行账户等信息

其他信息诸如企业法人信息、营业执照、组织机构代码证等将直接从微信公众号认证资料中获取，无需重新填写。

3. 商户验证

在资料提交后，微信支付会向您的结算账户中打一笔数额随机的验证款。待资料审核通过后，查收款项，登录微信商户平台，填写款项数额。数额正确即可通过验证。

4. 签署协议

验证通过后，在线签署线上协议。

7.2.3 微信支付类型

微信支付目前提供的支付方式如图 7.5 所示。

“双 11”抢购项目由于是 Web 项目，因此在系统中选择对接微信扫码支付。

图7.5 微信支付方式

7.2.4　微信扫码支付

1. 微信扫码支付效果

微信扫码支付效果如图 7.6 所示。

图7.6　微信扫码支付效果

2. 微信扫码支付流程

微信扫码支付包括两个模式，分别为“模式 1”和“模式 2”。本系统中采用“模式 2”支付机制。关于“模式 1”支付机制，可以通过微信支付官网进行相应了解。微信扫码支付模式 2 的支付时序图如图 7.7 所示。

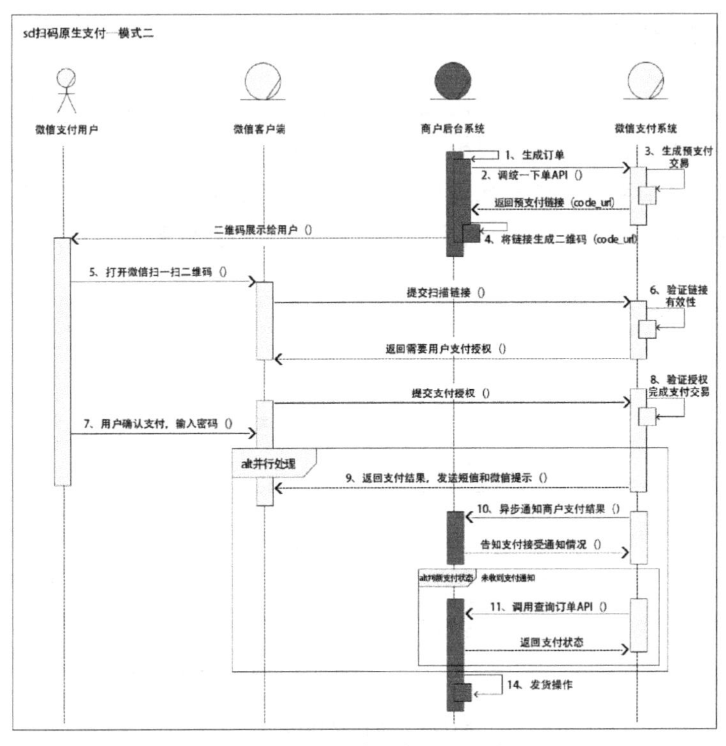

图7.7　微信扫码支付模式2的时序图

微信扫码支付流程解读：

（1）商户后台系统根据用户选购的商品生成订单。

（2）用户确认支付后调用微信支付【统一下单 API】生成预支付交易。

（3）微信支付系统收到请求后生成预支付交易单，并返回交易会话的二维码链接 code_url。

（4）商户后台系统根据返回的 code_url 生成二维码。

（5）用户打开微信“扫一扫”扫描二维码，微信客户端将扫码内容发送到微信支付系统。

（6）微信支付系统收到客户端请求，验证链接有效性后发起用户支付，要求用户授权。

（7）用户在微信客户端输入密码，确认支付后，微信客户端提交授权。

（8）微信支付系统根据用户授权完成支付交易。

（9）微信支付系统完成支付交易后给微信客户端返回交易结果，并将交易结果通过短信、微信消息提示用户。微信客户端展示支付交易结果页面。

（10）微信支付系统通过发送异步消息通知商户后台系统支付结果。商户后台系统需回复接收情况，通知微信后台系统不再发送该单的支付通知。

（11）未收到支付通知的情况，商户后台系统调用【查询订单 API】。

（12）商户确认订单已支付后给用户发货。

7.2.5 相关参数获取

商户在微信公众平台（申请扫码支付、公众号支付）或开放平台（申请 APP 支付）按照相应提示，申请相应微信支付模式。微信支付工作人员审核资料无误后开通相应的微信支付权限。微信支付申请审核通过后，商户在申请资料填写的邮箱中收取到由微信支付小助手发送的邮件，此邮件包含开发时需要使用的支付账户信息，如图 7.8 所示。

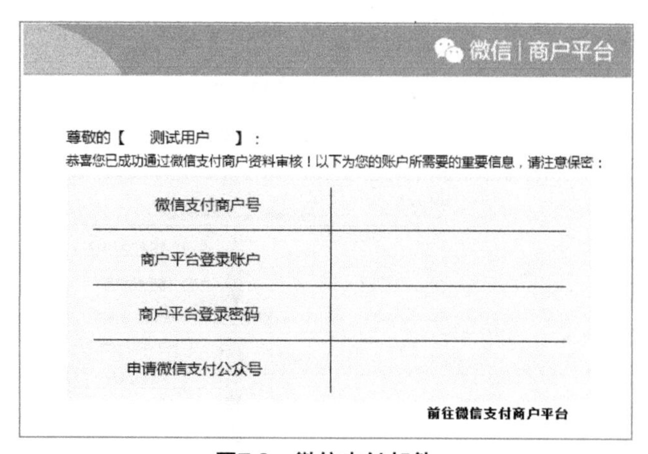

图7.8　微信支付邮件

注意

如果在程序开发中商户账号还没有申请通过，软件工程师可以通过微信平台下载的微信支付的 demo 中的账号进行测试。

7.2.6　微信支付安全规范

1. **微信签名算法**

第一步：字符串排序

设所有发送或者接收到的数据为集合 M，将集合 M 内非空参数值的参数按照参数名 ASCII 码从小到大排序（字典序），使用 URL 键值对的格式（即 key1=value1&key2=value2…）拼接成字符串 stringA。

第二步：字符串加密

在 stringA 最后拼接上 key 得到 stringSignTemp 字符串，并对 stringSignTemp 根据加密方式进行加密运算，再将得到的字符串的所有字符转换为大写，得到 sign 值 signValue。

key 设置路径：微信商户平台→账户设置→API 安全→密钥设置。

注意

- 参数名 ASCII 码从小到大排序（字典序）；
- 如果参数的值为空不参与签名；
- 参数名区分大小写；
- 验证调用返回或微信主动通知签名时，传送的 sign 参数不参与签名，将生成的签名与该 sign 值作校验；
- 微信接口可能增加字段，验证签名时必须支持增加的扩展字段。

2. **生成随机数算法**

微信支付 API 接口协议中包含字段 nonce_str，主要用于保证签名不可预测。我们推荐生成随机数算法如下：调用随机数函数生成，将得到的值转换为字符串。

3. **商户证书**

微信扫码支付，暂不需要商户证书进行认证，可通过微信支付平台了解微信商户证书。

7.2.7　微信扫码支付开发步骤

1. **下载微信支付 demo**

微信支付的 demo 源码如图 7.9 所示，其中包括微信支付提供的相关接口和微信支付的相关实现，以及测试用例。

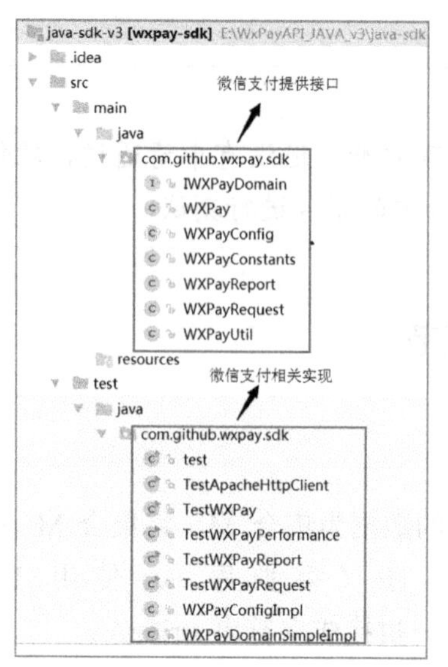

图7.9　微信支付demo结构

注意

运行 TestWXPay.java，调用 doUnifiedOrder 方法，可以在控制台输出相应请求结果。

2. **提取微信支付工具类**

由于微信平台和应用程序交互的过程中，传递的是 XML 数据，因此在 Java 程序的处理过程中，需要将 XML 转化为 Java 相关对象（比如 Map）。在 demo 提供的代码中，提供了 WXPayUtil 工具类，对 XML 的转化功能进行了封装。在独自开发应用程序的过程中，可以直接复制使用。提取后的类如图 7.10 方框框起来的内容，具体的类中的代码都比较简单，这里不做详细介绍。

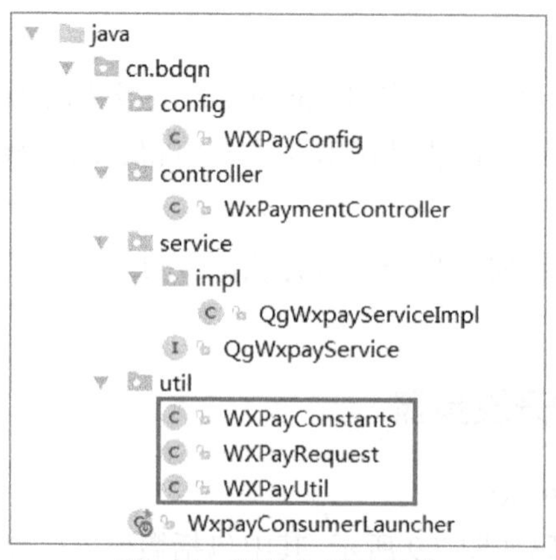

图7.10　微信支付工具类

另外除了图中标注的三个工具类之外，还需要提供一个属性读取类 WXPayConfig.

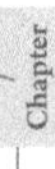

java，此类用于配置一些参数（这些参数会在后面的 TestWXPay.java 类中用到），关键代码如示例 3 所示。

示例 3

```
@Component
@ConfigurationProperties(prefix = "wxpay")
public class WXPayConfig {
    private String appID;//微信支付分配的公众账号 ID（企业号 corpid 即为此 appID）
    private String mchID;//微信支付分配的商户号
    private String key;//用于加密生成 signValue 的一个参数
    private String notifyUrl;//支付成功后微信通知商户支付结果的请求地址
    private String successUrl;//支付成功后的商户平台跳转地址
    private String failUrl;//支付失败后的商户平台跳转地址
    //省略 getter 和 setter 方法
```

注意

参数中的三个 url 必须为外网可以访问的地址。

WXPayConfig.java 中的参数读取自 application.properties（或 application.yml）文件。关键代码如示例 4 所示。

示例 4

```
##配置微信支付参数
wxpay.appID = wxab8acb865bb1637e
wxpay.mchID = 11473623
wxpay.key = 2ab9071b06b9f739b950ddb41db2690d
wxpay.notifyUrl = http://j19h691179.iok.la:15614/api/wxpay/notify
wxpay.successUrl = http://j19h691179.iok.la:15614/index.html#/orderpaystate
?orderNo=%s&amp;id=%s
wxpay.failUrl = http://j19h691179.iok.la:15614/index.html#/orderpaystate
?orderNo=%s&amp;id=%s&amp;state=0
```

3. 编写微信支付调用接口

编写微信支付调用接口可以参照 TestWXPay 的 doUnifiedOrder 方法进行代码设计。关键代码如示例 5 所示。

示例 5

```
/**
 * 订单微信支付
 * @param orderNo
 * @param response
 * @param request
 * @return
 */
```

```
@RequestMapping(value = "/createqccode/{orderNo}", method = RequestMethod.GET)
@ResponseBody
public Dto createQcCode(@PathVariable String orderNo, HttpServletResponse response,
                        HttpServletRequest request) {
    response.setHeader("Access-Control-Allow-Origin", "*");
    QgOrder order = null;
    //定义 map 类型的变量 data，其中存放请求统一下单所需要的参数
    HashMap<String, String> data = new HashMap<String, String>();
    HashMap<String, Object> result = new HashMap<String, Object>();
    WXPayRequest wxPayRequest = new WXPayRequest(this.wxPayConfig);
    try {
        order = qgWxpayService.loadQgOrderByOrderNo(orderNo);
        if (order == null || order.getStatus() != 0) {
            return DtoUtil.returnFail("订单状态异常",
                                      Constants.WxpayStatus.DDZTYC);
        }
        data.put("body", "爱旅行项目订单支付");
        data.put("out_trade_no", orderNo);
        data.put("device_info", "");
        data.put("total_fee", "1");
        data.put("spbill_create_ip", "169.254.193.209");
        data.put("notify_url", "http://j19h691179.iok.la:15614/api/wxpay/notify");
        //请求支付接口并返回参数
        Map<String, String> r = wxPayRequest.unifiedorder(data);
        String resultCode = r.get("result_code");
        if (resultCode.equals("SUCCESS")) {
            result.put("goodsId", order.getGoodsId());
            result.put("num", order.getNum());
            result.put("amount", order.getAmount());
            result.put("codeUrl", r.get("code_url"));
            return DtoUtil.returnDataSuccess(result);
        } else {
            logger.info(r.get("return_msg"));
                return DtoUtil.returnFail("订单支付异常", Constants.WxpayStatus.DDZFYC);
        }
    } catch (Exception e) {
        e.printStackTrace();
        return DtoUtil.returnFail("订单运行异常",
                                  Constants.WxpayStatus.DDYXYC);
    }
}
```

如上述代码所示，先定义变量 data，在 data 中存放的是请求统一下单接口所需要的参数，result 作为返回结果返回到前台，其中 codeUrl 为扫码支付的 URL 地址，需要将其转化成二维码在前台页面中展示，有了这个二维码之后，用户就可以扫码支付了。

4. 生成微信支付二维码

上述步骤中获得生成二维码所需的 codeUrl 地址后，如何把它转化为二维码呢？

这里请参考 7.2.8 节“微信扫码支付前端设计”中的二维码生成。

5. 编写微信异步通知接口

编写接口接收来自微信的异步调用，当用户支付成功后，微信回调该地址提醒用户进行后续业务操作，关键代码如示例 6 所示。

示例 6

```
@RequestMapping(value = "/notify", method = RequestMethod.POST)
@ResponseBody
    public String paymentCallBack(HttpServletRequest request, HttpServletResponse response) {
    response.setHeader("Access-Control-Allow-Origin", "*");
    WXPayRequest wxPayRequest = new WXPayRequest(this.wxPayConfig);
    Map<String, String> result = new HashMap<String, String>();
    Map<String, String> params = null;
    String returnxml = "";
    try {
        InputStream inputStream;
        StringBuffer sb = new StringBuffer();
        //以字节流的形式读取 request 中的数据
        inputStream = request.getInputStream();
        String s;
       BufferedReader in = new BufferedReader(new
                        InputStreamReader(inputStream, "UTF-8"));
        while ((s = in.readLine()) != null) {
            sb.append(s);
        }
        in.close();
        inputStream.close();
        params = WXPayUtil.xmlToMap(sb.toString());
        logger.info("1.notify-params>>>>>>>>>>>:" + params);
        //判断签名是否正确
        boolean flag = wxPayRequest.isResponseSignatureValid(params);
        logger.info("2.notify-flag:" + flag);
        if (flag) {
            String returnCode = params.get("return_code");
            logger.info("3.returnCode:" + returnCode);
            if (returnCode.equals("SUCCESS")) {
                //获取微信订单号
                String transactionId = params.get("transaction_id");
                //获取商户订单号
                String outTradeNo = params.get("out_trade_no");
                if (!qgWxpayService.processed(outTradeNo)) {
                    qgWxpayService.insertTrade(outTradeNo, transactionId);
```

```
                logger.info("修改订单状态===============================");
            }
            logger.info("4.订单：" + outTradeNo + " 交易完成" + ">>>" + transactionId);
        } else {
            result.put("return_code", "FAIL");
            result.put("return_msg", "支付失败");
            logger.info("");
        }
    } else {
        result.put("return_code", "FAIL");
        result.put("return_msg", "签名失败");
        logger.info("签名验证失败>>>>>>>>>>>>");
    }
} catch (Exception e) {
    e.printStackTrace();
}
try {
    returnxml = WXPayUtil.mapToXml(result);
} catch (Exception e) {
    e.printStackTrace();
}
return returnxml;
}
```

当 returnCode 为 SUCCESS 时，表示支付成功，此时在商户代码中进行订单状态和商品库存的修改。

6. 编写定时程序检测微信支付结果

请查阅 7.2.8 节“微信扫码支付前端设计”中的支付结果轮询。

7.2.8 微信扫码支付前端设计

1. logo 设计

在待支付页面选择微信支付模块（需增加对应的 Tabs），如图 7.11 所示。添加完成后，在点击切换 Tabs 时会进行数据的判断，修改 state 对象中的 payType 值等于定义的值。之后点击支付即可跳转到二维码扫描界面。

2. 二维码生成

跳转到二维码扫描页面之后需要根据订单的编号进行数据的查找，调用后端的接口“/trade/api/wxpay/createqccode”，获取到微信支付的地址。根据此地址调用 qrcode（JS 插件，使用 npm install qrcode –save 添加到项目中）中的 toDataURL 方法，生成图片的地址。通过改变 state 中的参数地址，实现页面上的二维码显示，生成效果如图 7.12 所示。

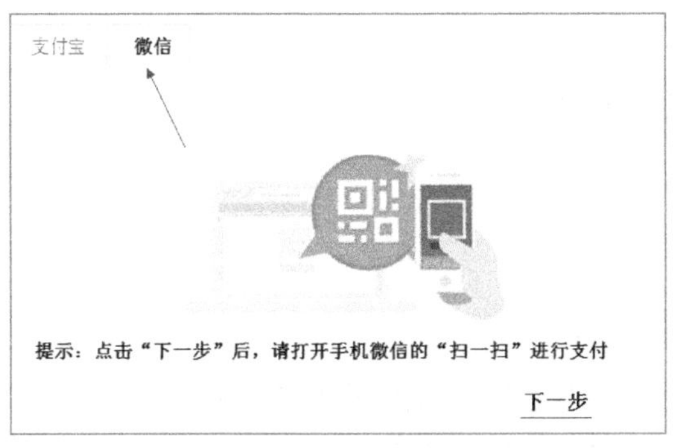

图7.11　微信扫码支付界面

图7.12　微信支付二维码

3. 支付结果轮询

通过手机扫描完成之后，支付，支付成功之后，后台不能重定向页面的地址和指向，需要我们增加监听函数，关键代码如示例 7 所示。

示例 7

```
function getOrderStatus(){
//清除之前的监听函数
        clearTimeout(this.timeId)
        //发送请求获取请求数据信息
         getRequest("/trade/api/wxpay/queryorderstatus/"+ this.state.orderNo).then(
            function res(){
             //判断支付状态
              if(res.data.orderStatus===2){
              //重定向到支付成功页面
                 window.location.hash ='#orderpaystate/?orderNo='+this.state.orderNo+"&id="+res.data.id;
              }else{
              //支付不成功则继续监测
                 this.timeId=setTimeout(this.getOrderStatus,1000)
              }
            }
         )
}
```

增加了监听代码之后，我们需要使用 componentDidMount()调用监听函数，代码如下：

```
componentDidMount() {
        this.getOrderStatus();
}
```

到此我们的微信支付界面就完成了。注意：实现周期调用监听函数时，不要使用 setInterval 函数，而要使用 setTimeout 函数，因为在使用 setInterval 函数设定的周期比较短时，我们第一次请求的数据还没有返回就会发送第二次请求，这样会增加服务器端的压力，也会使页面出现多次刷新的 bug。

任务 3 实现分布式下的支付宝支付功能

7.3.1 接入背景

第三方支付是指具备一定实力和信誉保障的独立机构，采用与各大银行签约的方式，通过与银行支付结算系统接口对接而促成交易双方进行交易的网络支付模式。

支付宝（中国）网络技术有限公司是国内领先的第三方支付平台，致力于提供“简单、安全、快速”的支付解决方案。现已经是全球最大的移动支付厂商。

商户对接支付宝支付之后，除了能更方便地与用户进行交易之外，还能保证交易的安全性、可靠性和性能。“双 11”抢购项目使用电脑网站支付的方式进行支付，下面将详细介绍“双 11”抢购项目接入支付宝支付的方法。

7.3.2 开发步骤

第一步：创建应用并获取 APPID

先打开蚂蚁金服开放平台，在开发者中心创建登记您的应用，并提交审核。审核通过后会为您生成应用唯一标识（APPID），并且可以申请开通开放产品使用权限，只有通过 APPID，您的应用才具有调用开放产品的接口能力。

在研发阶段通常采用沙箱环境，但仍需要实名认证才可以使用开放平台服务。步骤如图 7.13 所示。按提示操作即可。

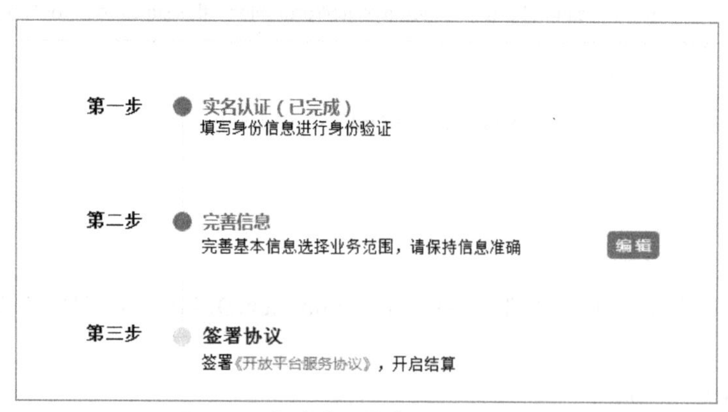

图7.13 创建应用并获取APPID流程

测试时使用沙箱环境进行测试，默认沙箱环境下会生成一个沙箱应用。支付宝用户登录蚂蚁金服开放平台之后，访问 https://openhome.alipay.com/platform/appDaily.htm，即可打开沙箱环境，其中 APPID、支付网关无法修改，可直接使用，而应用公钥需要我们手动设置，如图 7.14 所示。

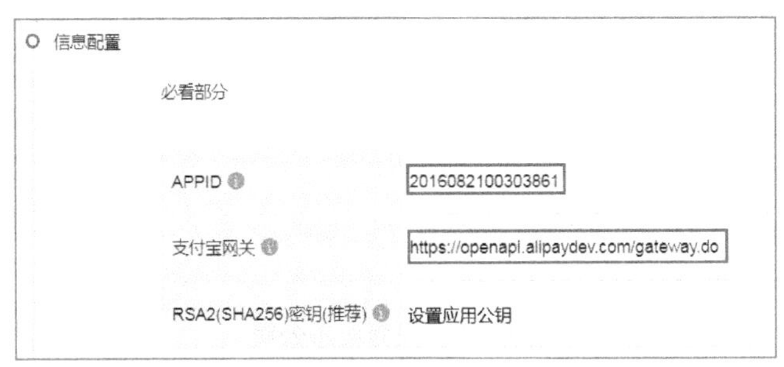

图7.14　沙箱应用

第二步：配置密钥

开发者调用接口前需要先生成 RSA 密钥，RSA 密钥包含应用私钥（APP_PRIVATE_KEY）、应用公钥（APP_PUBLIC_KEY）。生成密钥后在开放平台开发者中心进行密钥配置，配置完成后可以获取支付宝公钥（ALIPAY_PUBLIC_KEY）。

RSA 密钥生成工具下载地址：http://p.tb.cn/rmsportal_6680_secret_key_tools_RSA_win.zip。

运行效果如图 7.15 所示。

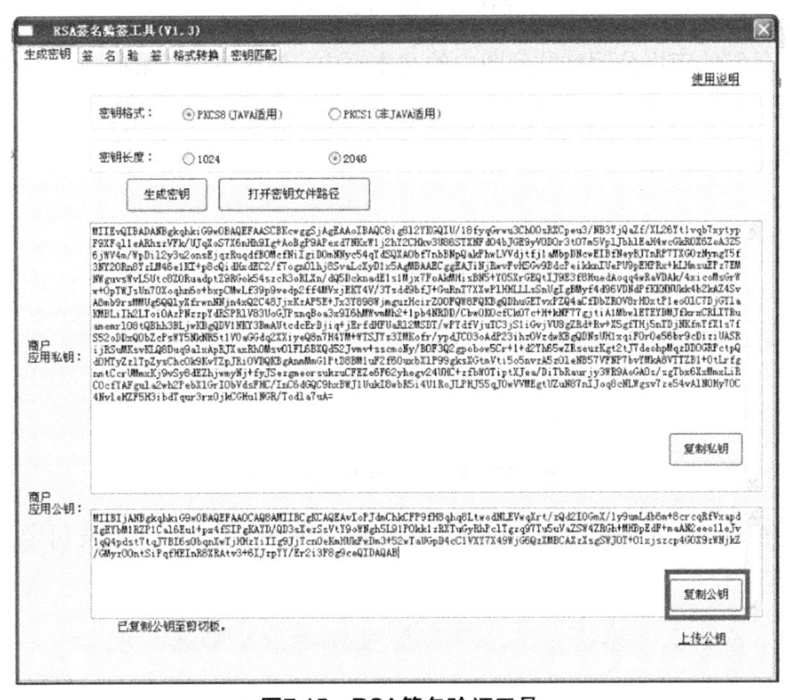

图7.15　RSA签名验证工具

密钥格式选择“PKCS8(Java 适用)”，密钥长度选择 2048，点击“生成密钥”然后点击“复制公钥”，以备后续步骤中使用。商户应用公钥必须上传至沙箱应用配置中的应用公钥部分，私钥则配置在项目的程序代码中。回到沙箱应用配置页面，点击“设置应用公钥”，打开如图 7.16 所示页面。

点击“设置应用公钥”，打开如图 7.17 所示页面。

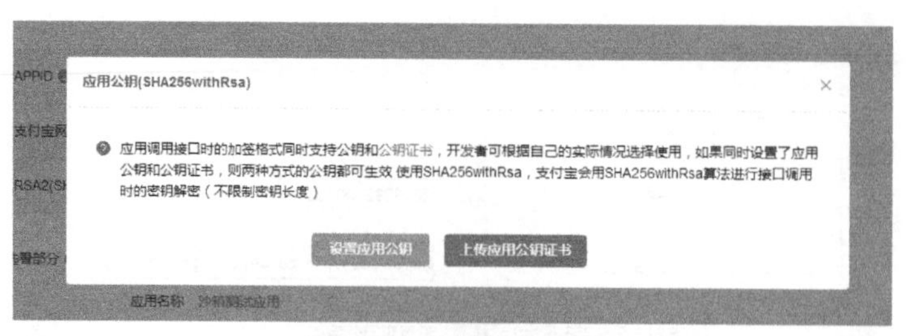

图7.16　设置应用公钥

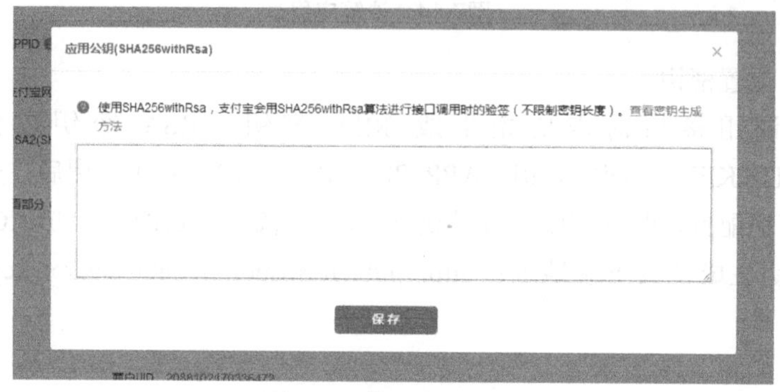

图7.17　输入应用公钥

将刚刚复制的应用公钥粘贴到图中的文本框中，然后点击“保存”。平台将自动生成支付宝公钥，如图7.18所示，图中多了一个“查看支付宝公钥”超链接，表示支付宝公钥生成成功。

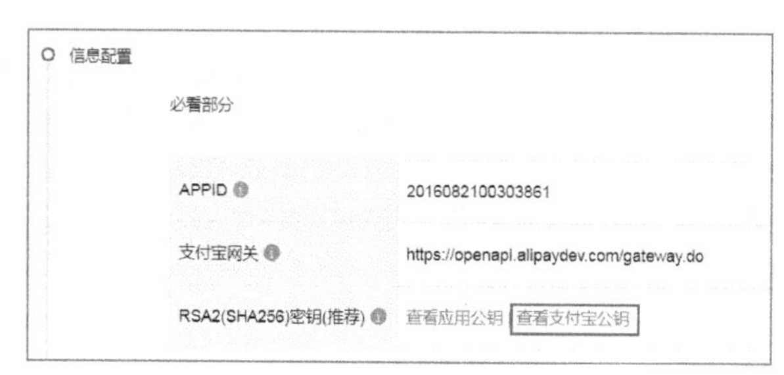

图7.18　支付宝公钥查看的位置

点击“查看支付宝公钥”，打开如图7.19所示页面，此处应复制支付宝公钥以备在项目代码中使用。

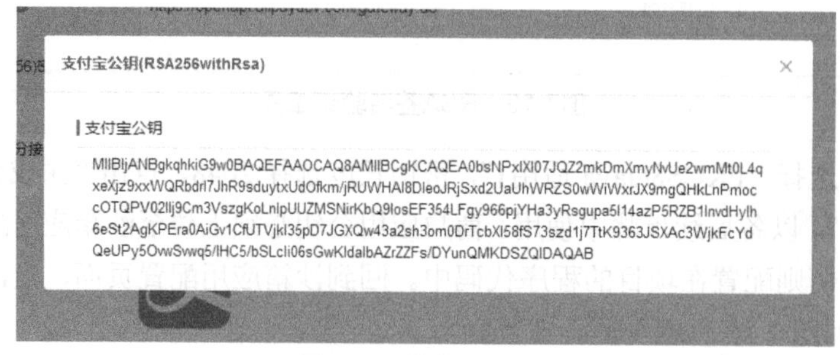

图7.19　支付宝公钥

第三步：搭建和配置开发环境

（1）下载服务端 SDK（Java 版本），访问 https://docs.open.alipay.com/54/103419，打开如图 7.20 所示页面。

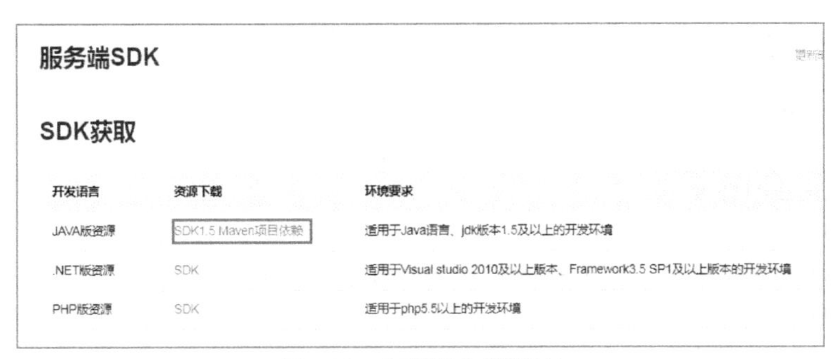

服务端SDK

SDK获取

开发语言	资源下载	环境要求
JAVA版资源	SDK1.5 Maven项目依赖	适用于Java语言、jdk版本1.5及以上的开发环境
.NET版资源	SDK	适用于Visual studio 2010及以上版本、Framework3.5 SP1及以上版本的开发环境
PHP版资源	SDK	适用于php5.5以上的开发环境

图7.20　下载服务端SDK

点击方框框起来的“SDK1.5”超链接，即可进行服务端 SDK 的下载。SDK 封装了签名&验签、HTTP 接口请求等基础功能。此处下载对应语言版本的 SDK 并引入我们的开发工程。

蚂蚁金服开放平台中还提供了支付宝支付的 demo，下载地址为 https://docs.open.alipay.com/270/106291，打开如图 7.21 所示的页面，点击方框框起来的“点击下载”链接即可进行下载。

电脑网站支付demo

下载demo

Demo版本	运行环境	下载链接
JAVA版	Eclipse+JDK1.6及以上+Tomcat6.0及以上	点击下载
PHP版	PHP5.5及以上+Tomcat6.0及以上	点击下载
.NET版	.NET 2010及以上	点击下载

图7.21　电脑网站支付demo下载

由于“双 11”抢购项目中的项目都是 maven 项目，所以需要将服务端 SDK 导入 maven 本地仓库中使用。考虑到在实际开发过程中可能会进行一些扩展，这里进行代码编写时，将 SDK 进行了重新生成。具体的实现方式为：

① 解压上述步骤中下载到的 demo。

② 用 IDEA 打开此 demo，然后对其进行修改（具体的修改内容可以以实际开发需求为准）并打成 jar 包，命名为 shop-alipay-pc-1.0.jar。

③ 使用 Nexus 进行 jar 的上传。

④ 项目中引入依赖：

```
<dependency>
    <groupId>cn.shop.alipay</groupId>
    <artifactId>shop-alipay-pc</artifactId>
```

```
    <version>1.0-SNAPSHOT</version>
</dependency>
```

（2）接口调用配置，引入上述依赖之后，需要在项目中进行参数的配置。

```
alipay.appID=2016082100303861
alipay.rsaPrivateKey=  #应用私钥，限于篇幅，此处省略
alipay.notifyUrl=http://aliPay.local.com/api/notify
alipay.returnUrl=http://aliPay.local.com/api/return
alipay.url=https://openapi.alipaydev.com/gateway.do
alipay.charset=UTF-8
alipay.format=json
alipay.alipayPublicKey=  #支付宝公钥，限于篇幅，此处省略
alipay.logPath=/logs
alipay.signType=RSA2
alipay.paymentSuccessUrl=http://www.qg.com/success.html?orderNo=%s&amp;id=%s
alipay.paymentFailureUrl=http://www.qg.com/fail.html?orderNo=%s&amp;id=%s&amp;\
state=0
```

参数说明：

其中 appID、url、alipayPublicKey 分别对应沙箱应用的如下信息，如图 7.22 所示。

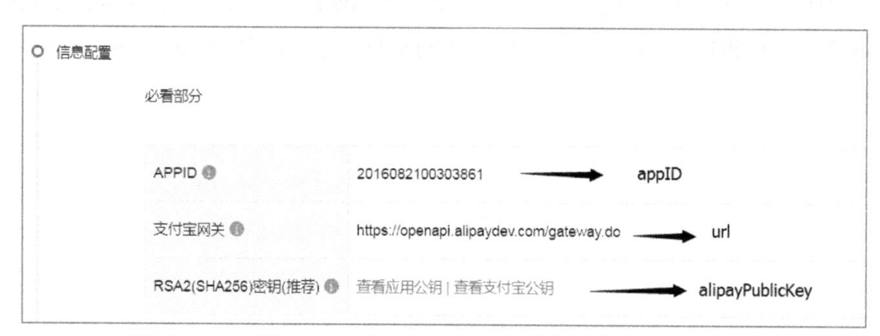

图7.22 appID、url、alipayPublicKey对应沙箱应用中的位置

rsaPrivateKey 为密钥生成工具生成的商户应用私钥，应复制至此。

notifyUrl：商户网站请求进行支付宝支付之后，支付宝会主动通知商户支付结果，商户则根据支付的结果进行进一步的操作，notifyUrl 即为支付宝通知商户支付结果要访问的网址，注意此 url 必须为外网可以访问的地址，并且支付宝通知商户采用异步的方式。

returnUrl：支付完成之后，支付宝需要跳转到商户页面进行支付结果的通知，此 url 即为跳转请求地址，注意此处的通知方式为同步。

url：商户进行支付宝支付时的请求地址。

paymentSuccessUrl：程序中控制请求成功后跳转需要访问的地址。

paymentFailureUrl：程序中控制请求失败后跳转需要访问的地址。

至此，配置沙箱环境已完成。

第四步：SDK 的使用

SDK 包说明：

alipay-sdk-java*.jar——支付宝 SDK 编译文件 jar
alipay-sdk-java*-source.jar——支付宝 SDK 源码文件 jar
commons-logging-1.1.1.jar——SDK 依赖的日志文件 jar
commons-logging-1.1.1-sources.jar——SDK 依赖的日志源码文件 jar

注意

① 集成支付宝接口需要引入的文件是：

alipay-sdk-java*.jar
commons-logging-1.1.1.jar

② 若要进一步了解代码实现，需引入文件：

alipay-sdk-java*-source.jar
commons-logging-1.1.1-sources.jar

③ 由于第三步中已经打包了 shop-alipay-pc-1.0.jar，并导入了项目，所以在使用了 shop-alipay-pc-1.0.jar 之后，就不需要再引入上述两个 jar 了。

第五步：代码实现

（1）编写信息配置类 AlipayConfig.java，用此类来读取配置信息中配置的参数，具体的参数为上述第三步：搭建和配置开发环境中介绍的参数。关键代码如示例 8 所示。

支付宝支付编码实现解析

示例 8

```
@Configuration
@ConfigurationProperties(prefix = "alipay")
public class AlipayConfig {
  //商户 appid
  private String appID;
  // pkcs8 格式的私钥
  private String rsaPrivateKey;
  //服务器异步通知页面路径，需是 http://或者 https://格式的完整路径，不能加“?id=123”这类
  //自定义参数，必须外网可以正常访问
  private String notifyUrl;
  //页面跳转同步通知页面路径，需是 http://或者 https://格式的完整路径，不能加“?id=123”这
  //类自定义参数，必须外网可以正常访问，商户可以自定义同步跳转地址
  private String returnUrl;
  //请求网关地址
  private String url;
  //编码
  private String charset;
  //返回格式
  private String format;
  //支付宝公钥
  private String alipayPublicKey;
  //日志记录目录
```

```
    private String logPath;
    //RSA2
    private String signType;
    //支付成功跳转页面
    private String paymentSuccessUrl;
    //支付失败跳转页面
    private String paymentFailureUrl;
    //省略 getter 和 setter 方法
}
```

（2）获取订单信息，用于在页面中展示，关键代码如示例 9 所示。

示例 9

```
/**
  * 确认订单信息 *
  * @param orderNo
  * 订单 ID
  * @return
  */
@RequestMapping(value = "/prepay/{orderNo}", method = RequestMethod.GET)
  @ResponseBody
public Dto prePay(@PathVariable String orderNo,HttpServletResponse response) {
        response.setHeader("Access-Control-Allow-Origin", "*");
    try {
        //根据订单编号获取订单信息
        QgOrder order = qgAlipayService.loadQgOrderByOrderNo(orderNo);
        if (!EmptyUtils.isEmpty(order)) {
            Map<String,Object> result=new HashMap<String, Object>();
            result.put("orderNo", orderNo);
            result.put("goodsId", order.getGoodsId());
            result.put("count", order.getNum());
            result.put("payAmount", order.getAmount());
            return DtoUtil.returnSuccess("获取订单信息成功", result);
        }else
            return DtoUtil.returnFail("订单不存在","fail");
    } catch (Exception e) {
        e.printStackTrace();
        return DtoUtil.returnFail("获取订单信息失败","fail");
    }
}
```

（3）调用 alipay.trade.page.pay，发起支付请求，关键代码如示例 10 所示。

示例 10

```
/**
  * 客户端提交订单支付请求，对该 API 的返回结果不用处理，浏览器将自动跳转至支付宝。
  *
  * @param WIDout_trade_no
```

```
 * 商户订单号，商户网站订单系统中唯一订单号，必填
 * @param WIDsubject
 * 订单名称，必填
 * @param WIDtotal_amount
 * 付款金额，必填
 */
@RequestMapping(value = "/pay", method = RequestMethod.POST)
public void pay(
        @RequestParam String WIDout_trade_no,
        @RequestParam String WIDsubject,
        @RequestParam String WIDtotal_amount, HttpServletResponse response) {
        response.setHeader("Access-Control-Allow-Origin", "*");
  String product_code = "FAST_INSTANT_TRADE_PAY";
  // SDK 公共请求类，包含公共请求参数，并且封装了签名与签名验证，开发者无需关注签名与
  //签名验证
  //调用 RSA 签名方式
  AlipayClient client = new DefaultAlipayClient(alipayConfig.getUrl(),
            alipayConfig.getAppID(), alipayConfig.getRsaPrivateKey(),
            alipayConfig.getFormat(), alipayConfig.getCharset(),
            alipayConfig.getAlipayPublicKey(), alipayConfig.getSignType());
  AlipayTradePagePayRequest    alipay_request = new AlipayTradePagePayRequest();

  //封装请求支付信息
  AlipayTradePagePayModel model = new AlipayTradePagePayModel();
  model.setOutTradeNo(WIDout_trade_no);
  model.setSubject(WIDsubject);
  model.setTotalAmount(WIDtotal_amount);
  model.setProductCode(product_code);
  alipay_request.setBizModel(model);
  //设置异步通知地址
  alipay_request.setNotifyUrl(alipayConfig.getNotifyUrl());
  //设置同步地址
  alipay_request.setReturnUrl(alipayConfig.getReturnUrl());
  //表单生产
  String form = "";
  try {
      //调用 SDK 生成表单
      form = client.pageExecute(alipay_request).getBody();
      response.setContentType("text/html;charset="
              + alipayConfig.getCharset());
          response.getWriter().write(form);//直接将完整的表单 html 输出到页面
      response.getWriter().flush();
      response.getWriter().close();
  } catch (AlipayApiException e) {
      // TODO Auto-generated catch block
```

```
            e.printStackTrace();
        } catch (IOException e) {
            // TODO Auto-generated catch block
            e.printStackTrace();
        }
    }
```

（4）紧接步骤（3）向支付宝发起支付请求之后，会跳转到支付宝支付页面进行登录并支付，支付完成之后，支付宝会异步调用“双 11”抢购项目的接口，通知“双 11”抢购项目支付结果，关键代码如示例 11 所示。

示例 11

```
/**
   * 异步通知，跟踪支付状态变更
   * @param request
   * @param response
   */
@RequestMapping(value = "/notify", method = RequestMethod.POST)
public void trackPaymentStatus(HttpServletRequest request,
        HttpServletResponse response) {
        try {
            Map<String, Object> params = new HashMap<String, Object>();
        //获取支付宝 POST 过来的反馈信息
        Map requestParams = request.getParameterMap();
            request.setCharacterEncoding("UTF-8");
        //商户订单号
        String out_trade_no = request.getParameter("out_trade_no");
        //支付宝交易号
        String trade_no = request.getParameter("trade_no");
        //交易状态
        String trade_status = request.getParameter("trade_status");
            boolean verify_result = qgAlipayService.asyncVerifyResult(requestParams);
        if (verify_result) {//验证成功
            response.getWriter().println("success"); //请不要修改或删除
        } else {//验证失败
            response.getWriter().println("fail");
        }
    } catch (UnsupportedEncodingException e) {
        // TODO Auto-generated catch block
        e.printStackTrace();
        logger.error(e.getMessage());
    } catch (AlipayApiException e) {
        // TODO Auto-generated catch block
        e.printStackTrace();
        logger.error(e.getMessage());
    } catch (IOException e) {
```

```
            // TODO Auto-generated catch block
            e.printStackTrace();
            logger.error(e.getMessage());
        } catch (Exception e) {
            // TODO Auto-generated catch block
            e.printStackTrace();
            logger.error(e.getMessage());
        }
    }
```

支付宝通知“双 11”抢购项目支付成功之后，可以在加粗显示的 if 判断语句中进行订单状态和商品库存的修改。

（5）支付成功后进行页面跳转，关键代码如示例 12 所示。

示例 12

```
/**
 * 支付宝页面跳转同步通知页面
 */
@RequestMapping(value = "/return", method = RequestMethod.GET)
public void callback(HttpServletRequest request,
        HttpServletResponse response) {
        response.setHeader("Access-Control-Allow-Origin", "*");
    try {
        //获取支付宝 GET 过来的反馈信息
        Map<String,String> params = new HashMap<String,String>();
        request.setCharacterEncoding("UTF-8");
        Map requestParams = request.getParameterMap();
        //获取支付宝的通知返回参数，可参考技术文档中页面跳转同步通知参数列表（以下仅供
        //参考）
        //商户订单号
        String out_trade_no = request.getParameter("out_trade_no");
        //支付宝交易号
        String trade_no = request.getParameter("trade_no");
        //获取支付宝的通知返回参数，可参考技术文档中页面跳转同步通知参数列表（以
        //上仅供参考）
        //计算得出验证结果
        boolean verify_result = qgAlipayService.syncVerifyResult(requestParams);
         (verify_result){//验证成功
            if(!qgAlipayService.processed(out_trade_no)){
                qgAlipayService.insertTrade(out_trade_no, trade_no);
            }
            String id = id=qgAlipayService.
         loadQgOrderByOrderNo(out_trade_no).getId().toString();
            //提示支付成功
            response.sendRedirect(String.format(alipayConfig.getPaymentSuccessUrl(),
out_trade_no,id));
```

```
            }else{
                //提示支付失败
                response.sendRedirect(alipayConfig.getPaymentFailureUrl());
            }
        } catch (UnsupportedEncodingException e) {
            // TODO Auto-generated catch block
            e.printStackTrace();
            logger.error(e.getMessage());
        } catch (AlipayApiException e) {
            // TODO Auto-generated catch block
            e.printStackTrace();
            logger.error(e.getMessage());
        } catch (Exception e) {
            // TODO Auto-generated catch block
            e.printStackTrace();
            logger.error(e.getMessage());
        }
    }
```

第六步：线上验收

在沙箱环境完成功能调试后，必须将支付宝网关、APPID、应用私钥、支付宝公钥修改成正式环境的配置，并自行完成功能验收测试。

在线上验收页面完善基本信息、提交审核即可。包括应用名称、图标、签约支付产品、开发配置。线上验收页面打开的步骤为：

（1）在浏览器中打开 https://open.alipay.com/platform/manageHome.htm 地址，并登录。

（2）在登录后打开的页面中，点击图 7.23 方框框起来的链接。

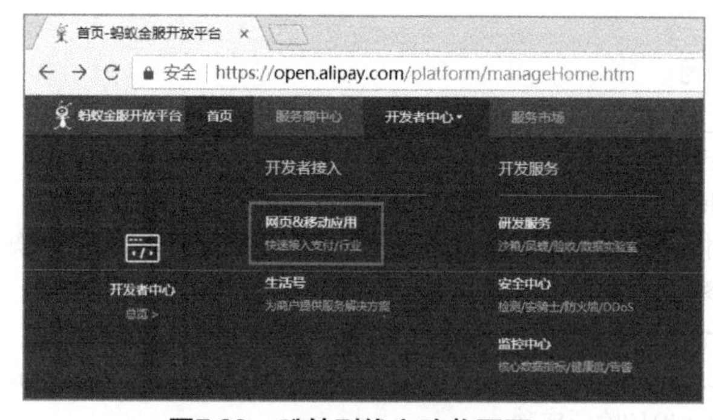

图7.23　跳转到线上验收页面-1

（3）跳转到如图 7.24 所示的页面。

点击方框框起来的链接，跳转到应用创建页面。创建一个应用，即可跳转到线上验收页面。

其中签约时需要填写企业信息、经营信息、银行账户信息等，上传相关证件，并且需要单独审核验证，签约流程如图 7.25 所示。

图7.24　跳转到线上应用页面-2

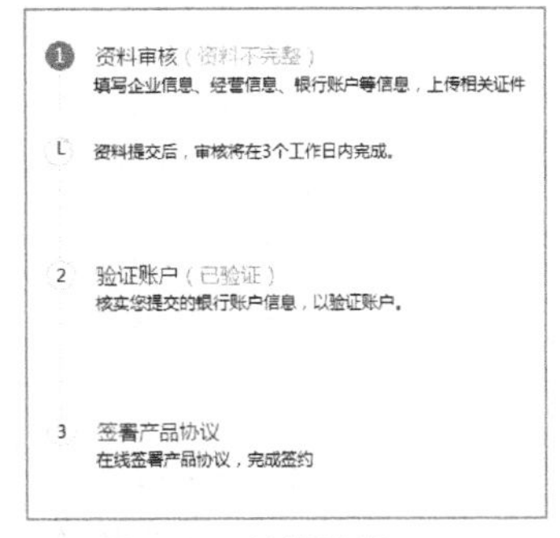

图7.25　签约流程

提供资料如图 7.26 所示。

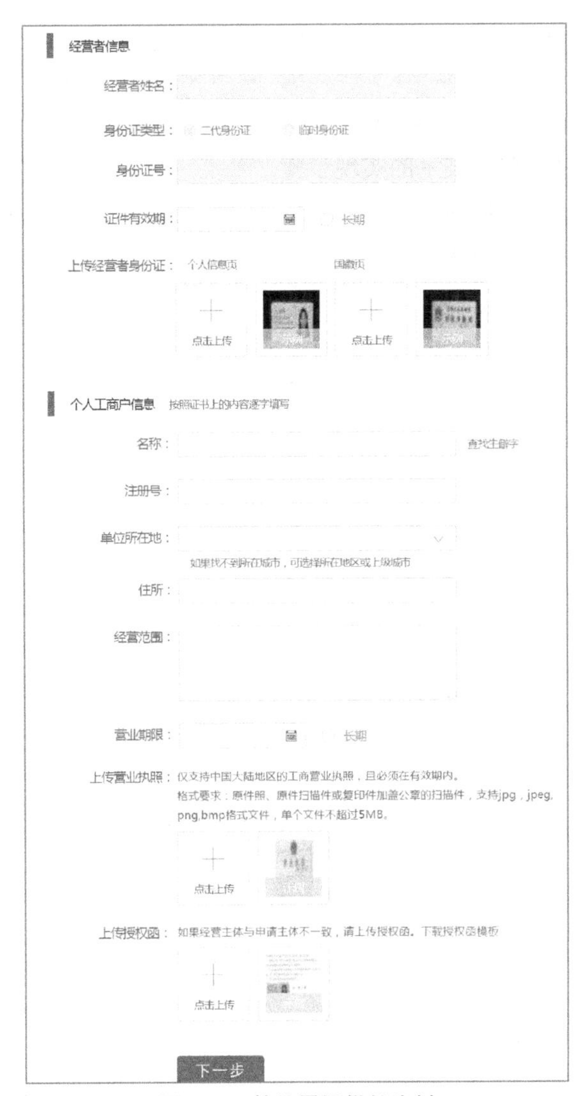

图7.26　签约需提供的资料

本章总结

本章学习了以下知识点：

- OAuth 协议的授权流程。
- 微信登录的实现步骤，每一步要传递的参数介绍。
- 在项目中编码接入微信登录，在接入时要注意的问题。
- 微信支付的六种类型，微信扫码支付的定义。
- 微信扫码支付的安全规范。
- 在项目中编码接入微信扫码支付。
- 在项目中编码接入支付宝支付。

本章练习

1. 简述 OAuth2.0 协议的授权流程。
2. 简述接入微信登录技术的实现步骤。
3. 简述微信扫码支付的安全规范。
4. 简述支付宝支付的接入流程。

第 8 章

高并发测试

技能目标

- ❖ 了解压力测试相关概念
- ❖ 掌握使用 JMeter 进行高并发测试
- ❖ 掌握使用 JMeter 生成测试报告

本章任务

学习本章内容，需要完成以下三个工作任务。记录学习过程中遇到的问题，可以通过自己的努力或访问 kgc.cn 解决。

任务 1：了解压力测试相关概念

任务 2：使用 JMeter 进行高并发测试

任务 3：使用 JMeter 生成测试报告

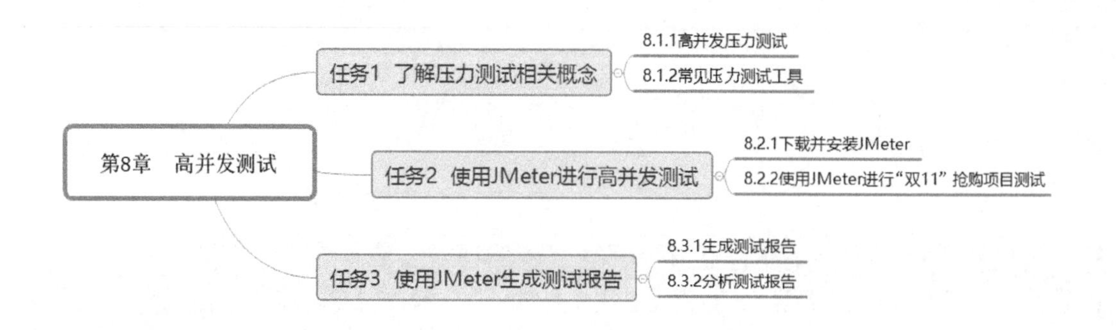

任务1　了解压力测试相关概念

8.1.1　高并发压力测试

软件的压力测试是一种保证软件质量的行为。在金融、电商等领域应用比较普遍。通俗的讲，压力测试即在一定的硬件条件下，模拟大批量用户对软件系统进行高负荷测试。需要注意的是，压力测试的目的不是为了让软件变得完美无瑕，而是通过压力测试，测试出软件的负荷极限，进而重新优化应用性能或在实际的应用环境中控制风险。

8.1.2　常见压力测试工具

应用于Web应用的压力测试工具有很多，国内常用的压力测试工具一般有以下3种。

1．Apache JMeter

JMeter作为一款广为流传的开源压力测试产品，如图8.1所示。最初被设计用于Web应用测试，如今JMeter可以用于测试静态和动态资源，例如静态文件、Java服务器程序、CGI脚本、数据库、FTP服务器等，还能对服务器、网络或对象模拟巨大的负载，通过不同的压力类别来测试它们的强度和分析整体性能。另外，JMeter能够对应用程序做功能测试和回归测试，通过创建带有断言的脚本来验证程序是否能返回期望的结果。为了获得最大限度的灵活性，JMeter允许使用正则表达式创建断言。我们采用JMeter4.0对“双11”抢购项目进行压力测试。

图8.1　JMeter LOGO

2．Loadrunner

Loadrunner是一种预测系统行为和性能的负载测试工具，通过模拟实际用户的操作行为进行实时性能监测，来帮助测试人员更快地查找和发现问题，如图8.2所示。Loadrunner

适用于各种体系架构，能支持广泛的协议和技术，为测试提供特殊的解决方案。企业通过 Loadrunner 能最大限度地缩短测试时间，优化性能并加速应用系统的发布周期。

图8.2　Loadrunner LOGO

Loadrunner 提供了三大主要功能模块：VirtualUser Generator（用于录制性能测试脚本），Loadrunner Controller（用于创建、运行和监控场景），Loadrunner Analysis（用于分析性能测试结果），各模块既可以作为独立的工具完成各自的功能，又可以作为 Loadrunner 的一部分彼此衔接，与其他模块共同完成软件性能的整体测试。

3. NeoLoad

NeoLoad 是 Neotys 出品的一种负载和性能测试工具，可真实地模拟用户活动并监视基础架构运行状态，从而消除所有 Web 和移动应用程序中的瓶颈。NeoLoad 通过使用无脚本 GUI 和一系列自动化功能，可让测试设计速度提高 5~10 倍。

任务 2　使用 JMeter 进行高并发测试

8.2.1　下载并安装 JMeter

1. 下载 JMeter

下载 Jmeter 4.0，并将下载后的 apache-jmeter-4.0.zip 解压到固定目录，如 D 盘。

注意

JMeter 运行需要依赖于 JDK 环境，在安装 JMeter 前，需要先确认安装机器的 JDK 环境已具备。Jmeter 4.0 需要依赖 JDK1.8 及以上版本。

2. 配置 JMeter 环境

在环境变量中，新增或修改以下配置。

- 添加变量 JMETER_HOME，设定其值为“D:\environment\apache-jmeter-4.0”（JMeter 实际解压路径，如图 8.3 所示）。
- 修改 Path 变量，追加以下内容（新增的内容和原来 Path 变量的值以“;”相隔）。

```
%JMETER_HOME%\bin;
```

- 添加或修改 CLASSPATH 变量，添加以下内容。

```
%JMETER_HOME%\lib\ext\ApacheJMeter_core.jar;
%JMETER_HOME%\lib\jorphan.jar;
```

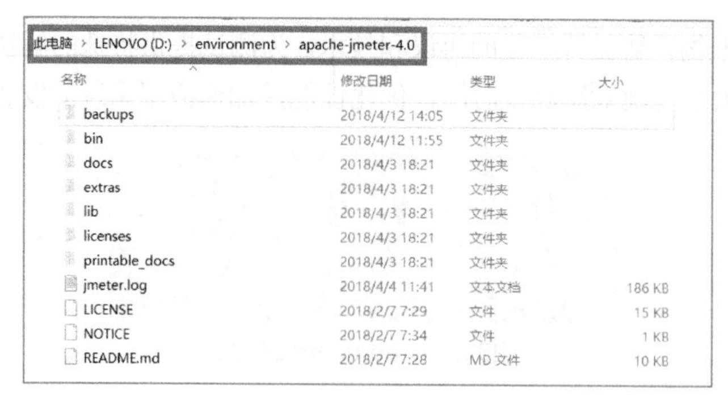

图8.3　JMeter安装目录

➢ 打开命令提示符窗口，输入“jmeter”命令启动 JMeter，启动界面如图 8.4 所示。

图8.4　JMeter启动界面

➢ 如图 8.5 所示，设置 JMeter 语言为简体中文。

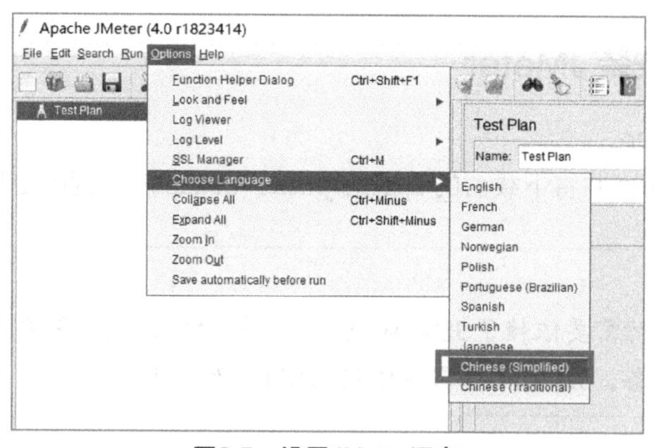

图8.5　设置JMeter语言

8.2.2 使用 JMeter 进行“双 11”抢购项目测试

1. 添加测试计划

修改测试计划名称为”测试“双 11”抢购项目”，并点击“保存”图标，保存测试计划，如图 8.6 所示。

2. 添加线程组

按照图 8.7 所示操作添加线程组，并点击“保存”图标。

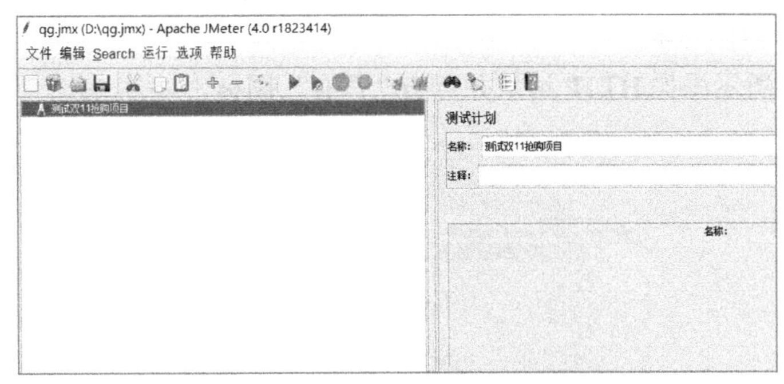

图8.6　保存“双11”抢购项目任务

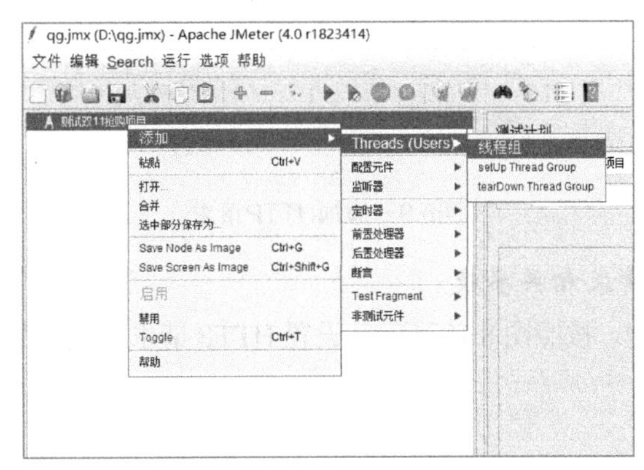

图8.7　添加线程组

3. 设置线程组参数

在界面中，设置以下线程组参数，并点击“保存”图标进行信息保存，如图 8.8 所示。

- 线程数：要启动的线程数目。
- Ramp-Up Period（in seconds）：线程启动时间间隔，如果为 0，则代表同时启动对应线程数的线程，即并发数。
- 循环次数：请求执行次数。

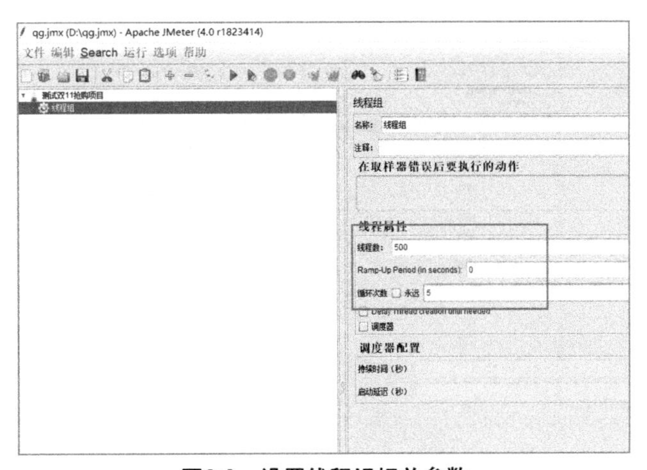

图8.8　设置线程组相关参数

4. 添加 HTTP 请求

按照图 8.9 所示添加 HTTP 请求并点击“保存”图标。

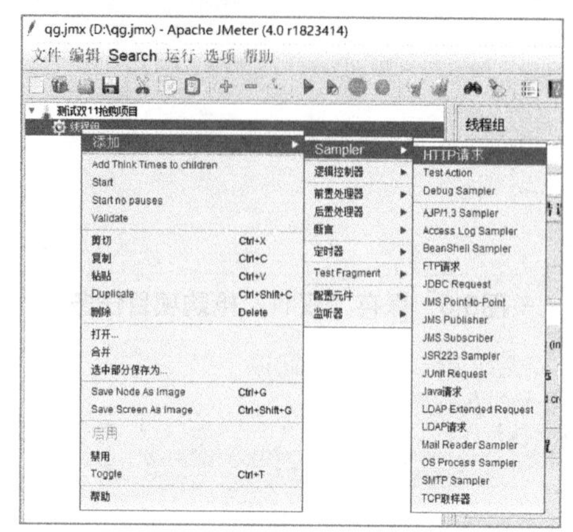

图8.9　添加HTTP请求

5. 设置 HTTP 请求相关参数

在新出现的页面中，按照图 8.10 所示，设置 HTTP 请求相关参数并点击“保存”图标。

图8.10　设置HTTP请求相关参数

6. 添加“察看结果树”监听器

根据图 8.11 所示，增加“察看结果树”监听器，并点击“保存”图标。

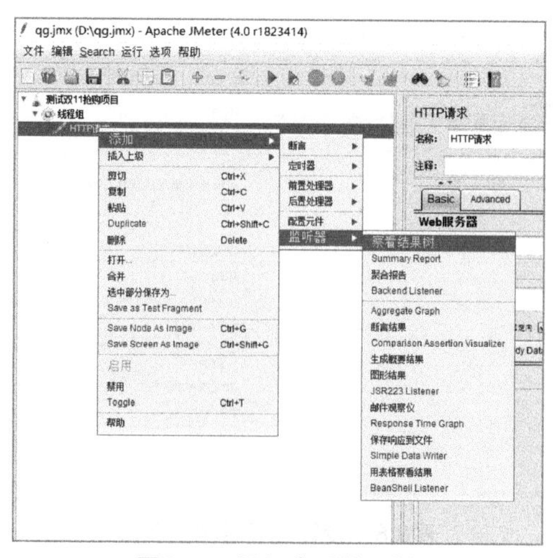

图8.11　添加察看结果树

注意

监听器用来监听请求的执行结果，“察看结果树”为最常用的监听器之一。

7. 启动测试计划

点击图 8.12 中的“运行”按钮进行简单任务测试。

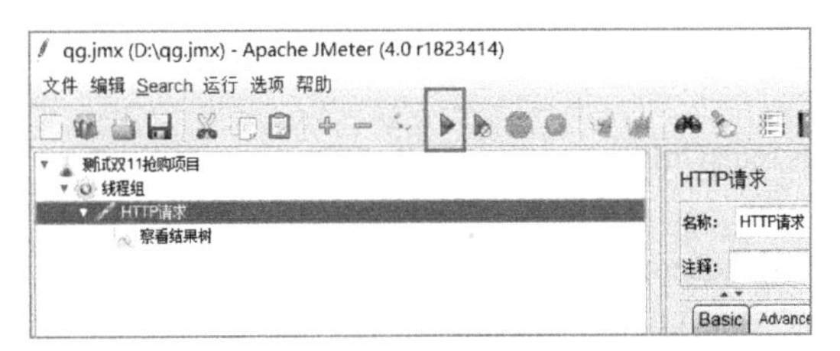

图8.12　启动任务进行测试

8. 查看测试结果

点击图 8.12 中的 “察看结果树”，在界面的下方区域点击对应请求可查看相应执行结果，如图 8.13 所示。因任务未配置请求相关参数，故服务器返回未登录提示信息。

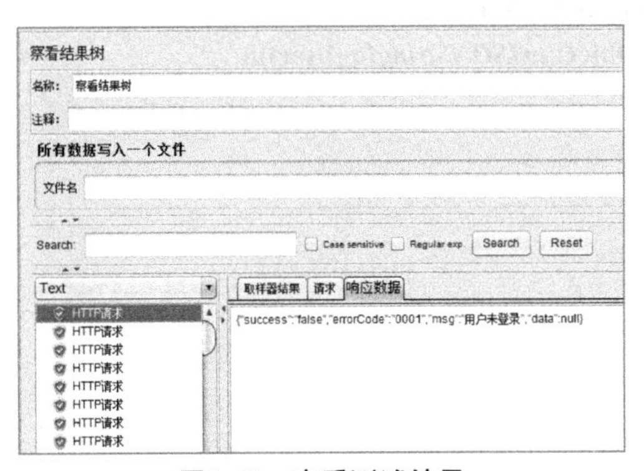

图8.13　查看测试结果

9. 配置 HTTP 请求参数

“双 11”抢购项目抢购接口中需要传入两个参数，分别为抢购商品的对应 id 和用户 token。接下来我们来学习如何配置 HTTP 请求的请求参数。

➢ 添加 goodsId 参数

在 HTTP 请求设置界面的 Parameters 选项卡中增加 goodsId 的参数，并赋予相应抢购商品的 id 值，如图 8.14 所示。

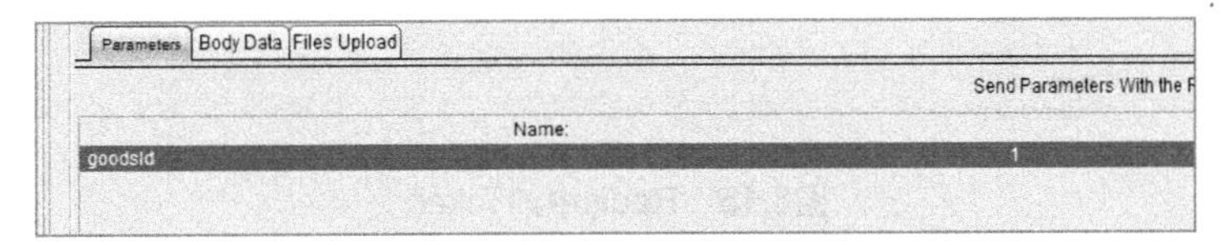

图8.14　配置HTTP请求参数

➤ 添加 token 参数

因抢购接口需要传入用户 token，因此在测试前需要在“双 11”抢购项目中增加一批用户 token。本次测试使用 Java 程序按照递增的方式在 Redis 中生成 10000 个 token（从“token:1”到“token:10000”），关键代码如示例 1 所示，Redis 内 Token 记录如图 8.15 所示。

示例

```
@Controller
@RequestMapping("/test")
public class TestController {

    @Autowired
     private RedisUtils redisUtils;

     @RequestMapping("/tokenCreate")
     public void tokenCreate() throws Exception{
         for (int i=2;i<10002;i++){
             QgUser qgUser=new QgUser();
             qgUser.setId(i+"");
             qgUser.setPhone("13366966561");
             String token="token:"+i;
             redisUtils.set(token,
             JSONObject.toJSONString(qgUser));
         }
     }
}
```

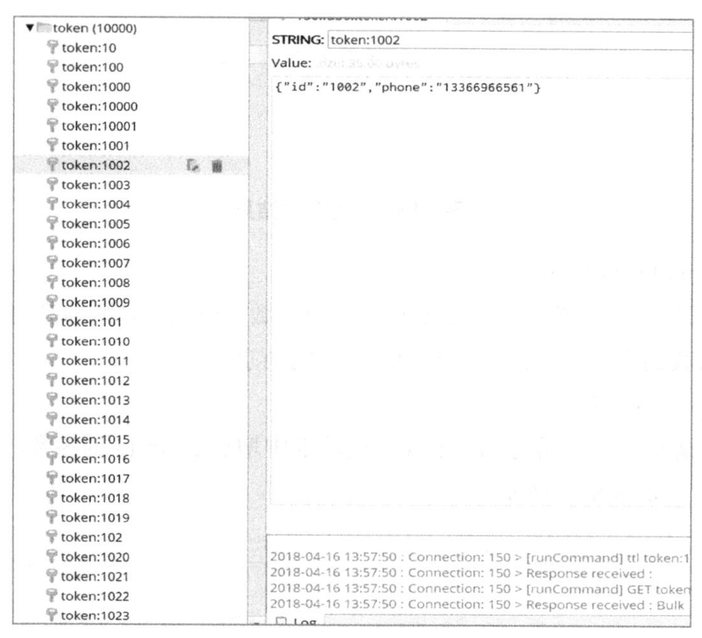

图8.15　Redis中的Token

（1）添加配置元件“计数器”

按照以下方式添加配置元件“计数器”，并设置对应参数。点击“保存”图标进行信息保存，如图 8.16 所示。

图8.16　添加计数器

设置计数器的相关参数。其中 Starting value 为起始值、递增为每次循环增量、引用名称为计数器被使用时需要指定的名称，具体配置如图 8.17 所示。

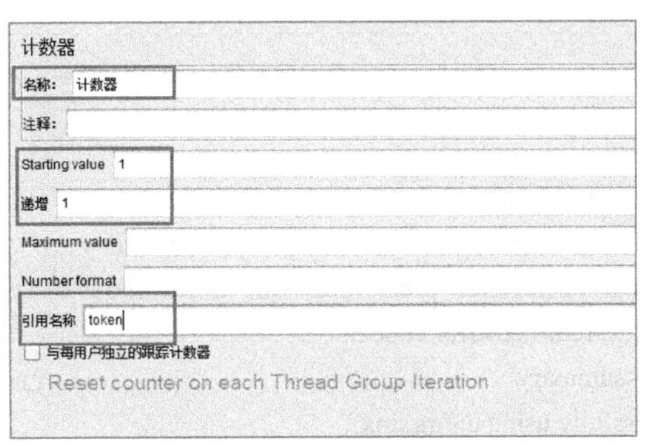

图8.17　设置计数器

（2）引用计数器

使用${引用名称}引用对应计数器，如图 8.18 所示。图中包含两个参数 token、goodsId，其值分别为“token:${token}”和“1”。

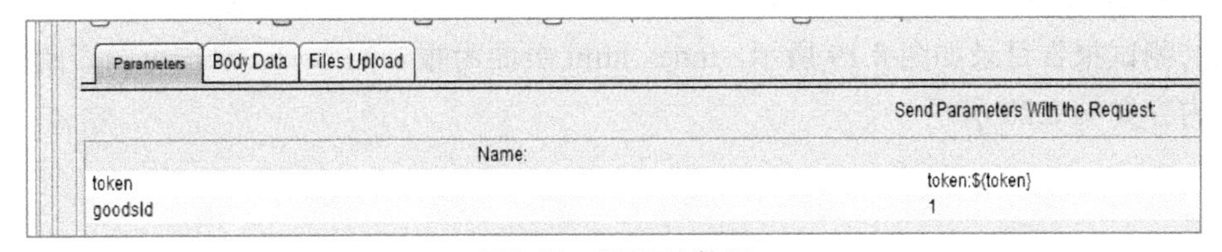

图8.18　引用计数器

10. 并发测试

通过以上步骤我们已经完成了“双 11”抢购项目抢购接口高并发测试的配置。完成上述步骤后点击“运行”按钮，进行“双 11”抢购项目接口的并发测试。开发人员可以通过不断调整并发线程数来测试系统的抗压极限。

任务 3 使用 JMeter 生成测试报告

JMeter3.0 之后的版本引入了 Dashboard Report，可以用于生成 HTML 页面格式的图形化报告。具体操作如下。

“双11”抢购项目测试报告

8.3.1 生成测试报告

打开命令提示符输入以下命令。

```
jmeter -n -t d://qg.jmx -l  d://result.jtl -e -o d://result
```

其中，**d://qg.jmx** 为测试计划的实际保存路径，**d://result.jtl** 为测试结果的实际保存路径，**d://result** 为生成 HTML 格式图形化报告的实际存储路径。

注意

jtl 文件为 JMeter 测试结果文件，用来保存实际的测试结果。

输出结果如下。

```
C:\Users\10447>jmeter -n -t d://qg.jmx -l d://result.jtl -e -o d://result
Apr 16, 2018 1:31:50 PM java.util.prefs.WindowsPreferences <init>
WARNING: Could not open/create prefs root node Software\JavaSoft\Prefs at root 0x80000002. Windows RegCreateKeyEx(...) returned error code 5.
Creating summariser <summary>
Created the tree successfully using d://qg.jmx
Starting the test @ Mon Apr 16 13:31:50 CST 2018 (1523856710618)
Waiting for possible Shutdown/StopTestNow/Heapdump message on port 4445
summary =   2500 in 00:00:06 =  435.9/s Avg:   579 Min:    4 Max:  2397 Err:     0 (0.00%)
Tidying up ...    @ Mon Apr 16 13:31:56 CST 2018 (1523856716630)
... end of run
```

C:\Users\10447>当命令窗口打印出“end of run”的时候，代表生成报告已经成功。生成的测试报告目录如图 8.19 所示。index.html 页面为报告的入口，双击可以查阅报告，首页内容如图 8.20 所示。

← → ⌄ ↑ › 此电脑 › LENOVO (D:) › result ›

	名称	修改日期	类型	大小
快速访问	content	2018/4/16 13:31	文件夹	
OneDrive	sbadmin2-1.0.7	2018/4/16 13:31	文件夹	
此电脑	index.html	2018/4/16 13:31	Chrome HTML D...	9 KB
3D 对象	README.TXT	2018/2/7 7:28	EditPlus	16 KB
Desktop				

图8.19　生成报告目录

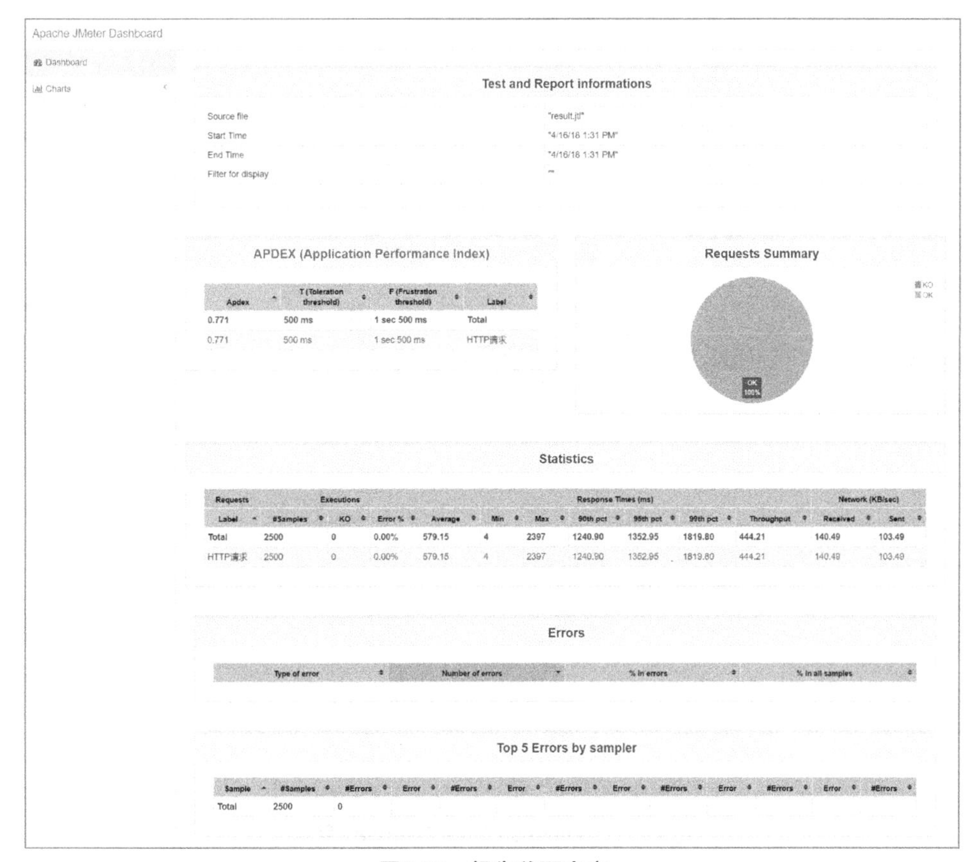

图8.20　报告首页内容

8.3.2　分析测试报告

开发人员并不需要了解并发测试报告中的所有项，下面列出一些开发人员需要重点关注的测试项。

1. APDEX **性能指数**

APDEX（Application Performance Index）是一个国际通用标准，是用户对应用性能满意度的量化值。它提供了一个统一的测量和报告用户体验的方法，把最终用户的体验和应用性能作为一个完整的指标进行统一度量。基于“响应性”，Apdex 定义了 2 个用户满意度阈值，是综合并发测试中的所有线程响应时间，并结合满意度阈值量化出的具体数值。本次测试报告中的 APDEX 如图 8.21 所示。

- T（Toleration threshold，用户容忍阈值）：指的是用户可以容忍应用响应的最大时间，响应时间小于该阈值则用户体验很愉悦，大于该阈值则用户体验很一般但是可以容忍，还没有达到用户要放弃应用的程度。
- F（Frustration threshold，用户挫折阈值）：指的是用户放弃应用的临界值，响应时间超过该值表示用户可能决定放弃该应用。

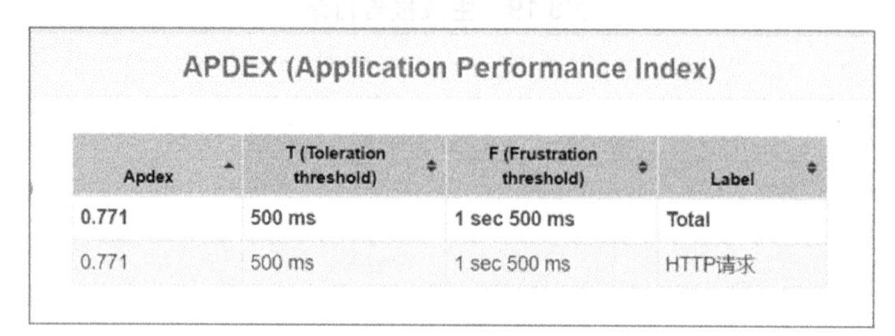

APDEX (Application Performance Index)

Apdex	T (Toleration threshold)	F (Frustration threshold)	Label
0.771	500 ms	1 sec 500 ms	Total
0.771	500 ms	1 sec 500 ms	HTTP请求

图8.21　APDEX指数

请求响应的详细时间分布可以通过点击 Charts→Response Times→Response Time Overview 进行查阅，如图 8.22 和图 8.23 所示。

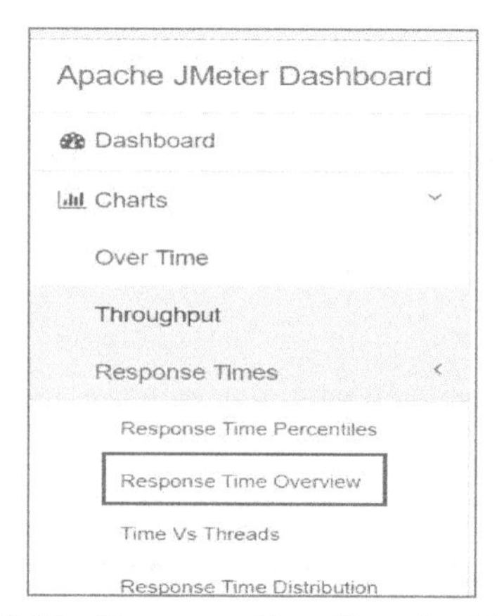

图8.22　Response Time Overview目录

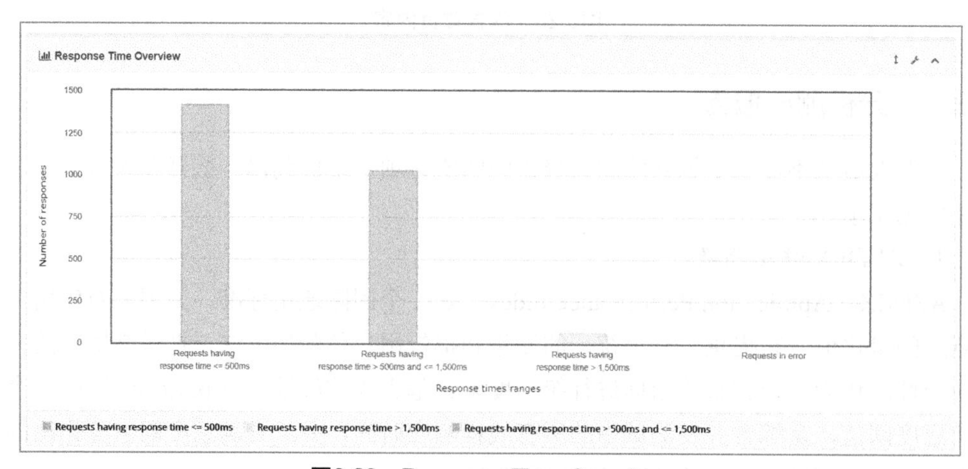

图8.23　Response Time Overview

2. Requests Summary（请求摘要）

图 8.24 表示执行成功和失败的请求数目的具体占比，OK 表示执行成功，KO 表示执行失败。JMeter 主要是以 HTTP 状态码是否为 200 来判断请求的成功和失败。

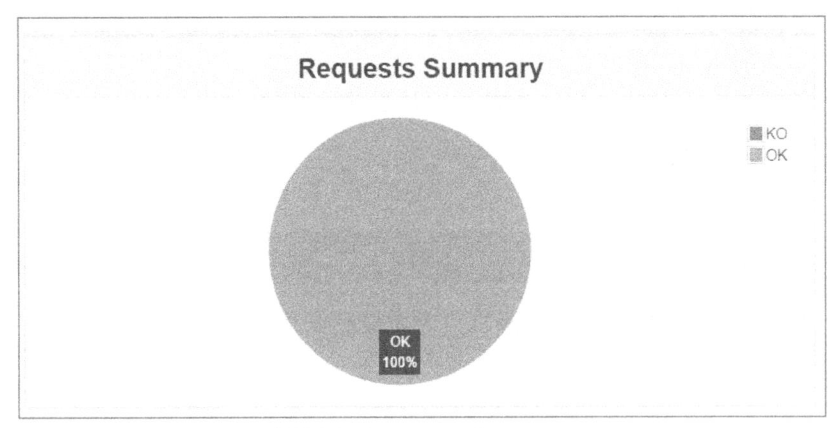

图8.24　Requests Summary

3. Statistics（综合统计图）

Statistics 为综合性的请求响应时间及响应状态的统计图，包含了请求数、请求失败数、请求错误比例、平均响应时间、最小响应时间、最大响应时间等，如图 8.25 所示。

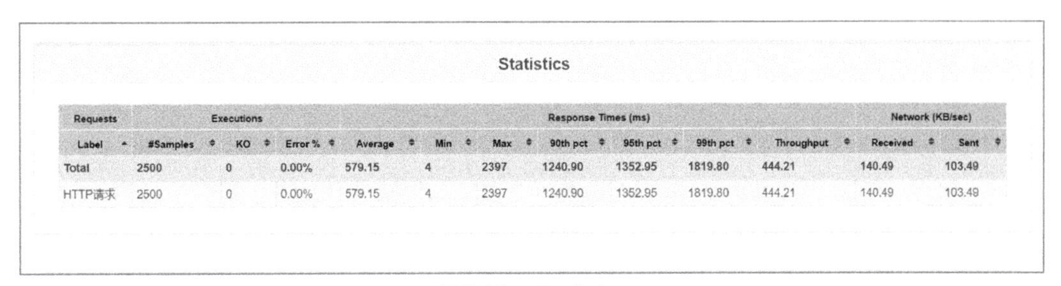

Statistics

Requests	Executions			Response Times (ms)							Network (KB/sec)	
Label	#Samples	KO	Error %	Average	Min	Max	90th pct	95th pct	99th pct	Throughput	Received	Sent
Total	2500	0	0.00%	579.15	4	2397	1240.90	1352.95	1819.80	444.21	140.49	103.49
HTTP请求	2500	0	0.00%	579.15	4	2397	1240.90	1352.95	1819.80	444.21	140.49	103.49

图8.25　Statistics

4. Errors（错误统计图）

Errors 为并发测试中的请求错误的统计图，如图 8.26 所示。

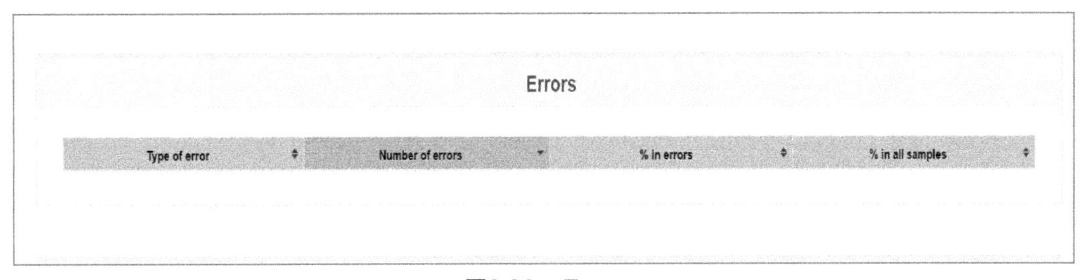

Errors

Type of error	Number of errors	% in errors	% in all samples

图8.26　Errors

本章总结

本章学习了以下知识点：

- 压力测试相关概念
- 使用 JMeter 实现“双 11”抢购项目高并发测试
- 使用 JMeter 生成测试报告

本章练习

使用 JMeter 进行抢购高并发测试，并生成测试报告。